Volker Rausch

Offene und geschlossene Bediensysteme in der Produktions- und Verfahrenstechnik

GRIN Verlag

Bibliografische Information der Deutschen Nationalbibliothek:

Die Deutsche Bibliothek verzeichnet diese Publikation in der Deutschen National-
bibliografie; detaillierte bibliografische Daten sind im Internet über http://dnb.d-
nb.de/ abrufbar.

Impressum:

Copyright © 2015 GRIN Verlag GmbH
Druck und Bindung: Books on Demand GmbH, Norderstedt Germany
ISBN: 978-3-656-89453-7

Offene und geschlossene Bediensysteme in der Produktions- und Verfahrenstechnik

Inhaltsverzeichnis

1   Ausgangssituation

In diesem einleitenden Kapitel gibt der Autor der Schrift anonymisierte Zitate wieder, welche ihm während seiner Tätigkeit als verantwortlicher Leiter der Instandhaltung eines energie-produzierenden Unternehmens immer wieder übermittelt wurden. Dies soll dem Leser besseres Verständnis für den nachfolgenden Inhalt bieten.

- *„Instandhaltung kostet viel Geld.“*

- *„Instandhaltung gehört nicht zum Kernprozess eines Unternehmens.“*

- *„Instandhaltung muss ausgegliedert werden, um die Kosten dafür in den Griff zu bekommen.“*

- *„Um die Budgetierung von Instandhaltungskosten planbar zu machen ist es notwendig, die Sensorik in den technischen Anlagen zu beherrschen. Statistische Betrachtungen ersetzen dabei nicht die qualitativen Erfahrungswerte der Anlagendokumentation.“*

- *„Ein erfahrenes Instandhaltungsteam im eigenen Bestand des Unternehmens ist besser als der Zukauf eines Dienstleisters. Von diesem machen sich die Unternehmen abhängig.“*

Instandhaltungsmanagement gehört zu den wichtigsten Führungsverantwortungen eines Unternehmens. Besonders dort, wo verfahrens- und produktionsbedingtes Verschleißverhalten von technischen Systemen dazu führen kann, einen Totalausfall des Kernprozesses herbeizuführen. Um die größtmögliche Verfügbarkeit der Anlagen zu gewährleisten, muss die Instandhaltung mit einem Kostenbudget ausgestattet werden, welches auch Reserven bedingt. Zur Kostenplanung ist daher die Parität von Sensorik und statistischen Methoden zu beachten. Dies ist jedoch in der betrieblichen Praxis bislang problembehaftet, da das Verständnis dazu fehlt. Am Beispiel der Bedientheorie soll in dieser Schrift dieses Problem lösungsorientiert thematisiert werden.

2 Einleitung

„Prinzipiell kann kein realer Prozess ohne Reserven arbeiten."[1] Dieses Zitat, welches aus der Fachliteratur der Bedienungstheorie im Transportwesen entnommen wurde, widerspiegelt auch die Situation im Instandhaltungsmanagement. Die Problematik der Prognose der Instandhaltungskosten und der damit verbundenen Vorhaltung von Reserven zur Realisierung der geforderten Verfügbarkeiten technischer Systeme gehört zu den wichtigsten Führungsaufgaben der Instandhaltungsverantwortlichen.

Mit der Ausschöpfung der vorhandenen materiellen und immateriellen Reserven ist zwar eine Leistungssteigerung möglich, die Flexibilität auf zufällige Szenarien aber nicht mehr gesichert. Daher wird die Vorhaltung von Leistungsreserven, deren Umfang und Art theoretisch begründet und optimal geplant werden muss, auf der Grundlage der Stochastik des Ausfall- und Instandhaltungsgeschehens, gefordert.[2]

Zur Führungsaufgabe des Instandhaltungswesens gehört u. a., dass ausreichende Kenntnis darüber herrscht, wie zufällige Einflüsse mit ihren Auswirkungen auf technische Systeme wirken und über die Fähigkeit, wie diese in mathematisch Modellen berücksichtigt werden können. Dem Management sollen damit nicht nur Regelwerke für Verhaltens und Führungsaufgaben zur Verfügung stehen, sondern auch mathematische Werkzeuge im zur Steuerung der Entwicklung von Instandhaltungskosten.

In der nachfolgenden Schrift werden nach der Behandlung der Instandhaltungsgrundlagen sowie der Vorstellung der Bediensysteme der Instandhaltung Berechnungen auf der Grundlage praktischer Beispiele durchgeführt.

---

[1] Vgl.: Fischer, K./ Hertel, G.: Bedienungsprozesse. (1990) S. 9.
[2] Vgl.: Hertel, G.: Analytische Modellierung. (1986) S. 12.

3 Grundlagen der Instandhaltung

3.1 Begriff der Instandhaltung

Der Begriff der Instandhaltung kommt ursprünglich aus der Anlagenwirtschaft und wird in der Literatur nicht einheitlich verwendet. Auch die dazu gehörenden Normen, Richtlinien und Verordnungen geben widersprüchliche Definitionen. Wie bereits geschrieben, ist Instandhaltung ein Arbeitsgebiet und Führungsbereich, dessen Aufgabe es ist, die vollständige Funktions- und Betriebsverfügbarkeit der Leistungsprozesse eines Unternehmens zu gewährleisten. Als Grundlage für die weitere Schrift soll die nachfolgenden Normen verwiesen werden, welche Instandhaltung exakt definieren: DIN 31051 (06.03)[3] sowie die DIN EN 13306 (08.10)[4]. Instandhaltung ist eine „Kombination aller technischen und administrativen Maßnahmen des Managements während des Lebenszyklus einer Betrachtungseinheit zur Erhaltung des funktionsfähigen Zustandes oder der Rückführung in diesen, sodass sie die geforderte Funktion erfüllen kann"[5]. Für die Anwendung dieser Definition auf Gebäude ist die Konkretisierung des Begriffs Betrachtungseinheit vorzunehmen. Darunter sind die sogenannten Instandhaltungsobjekte zu verstehen. Dabei handelt es sich um diejenigen physisch abgrenzbaren Komponenten eines Gebäudes, für die eigene Instandhaltungsmaßnahmen vorgenommen werden können. Es werden damit instandhaltungswürdige Einheiten dargestellt, die im Kontext der systematischen Gebäudeinstandhaltung als unteilbar aufgefasst werden.[6]

Auf dieser Grundlage wird eine Unterteilung der Instandhaltung in die Grundmaßnahmen der Inspektion, der Wartung, der Instandsetzung und der Schwachstellenanalyse vorgenommen (vgl. Bild 1). Die Definition dieser Grundmaßnahmen wird im Kapitel 2.2 gegeben.

---

[3] DIN 31051 (06.03) Grundlagen den Instandhaltung

[4] DIN EN 13306 (08.10) Begriffe der Instandhaltung

[5] DIN EN 31051 (06.03) Ziffer 4.1.1 und DIN EN 13306 (08.10), Ziffer 2.1

[6] Der Begriff (Betrachtungs-) Einheit ist definiert als „Jedes Teil, Bauelement, Gerät, Teilsystem, jede Funktionseinheit, jedes betriebsmittel oder System, das für sich allein betrachtet werden kann." (DIN EN 13306 (08.10) Ziffer 3.1)

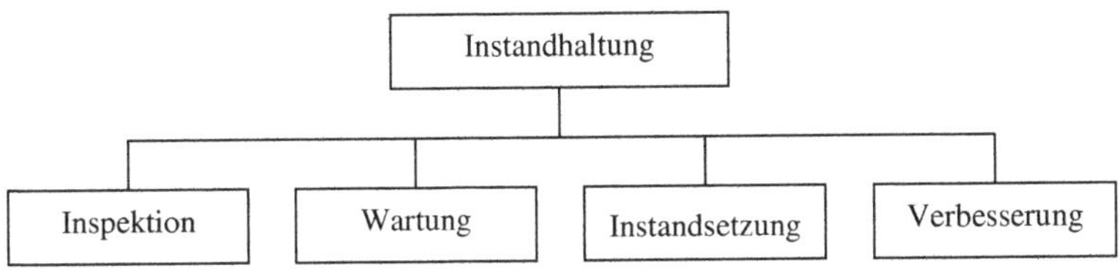

Bild 1: Unterteilung der Instandhaltung nach DIN 31051 (06.03)

Der deutsche Verband für Facility Management [GEFMA] orientiert sich orientiert sich in den Richtlinien GEFMA 108 [08.01] und GEFMA 122 [12.96] grundsätzlich an der DIN 31051. Zusätzlich zur Wartung in Inspektion unterscheidet die GEFMA in kleine Instandsetzung und große Instandsetzung (vgl. Bild 2).

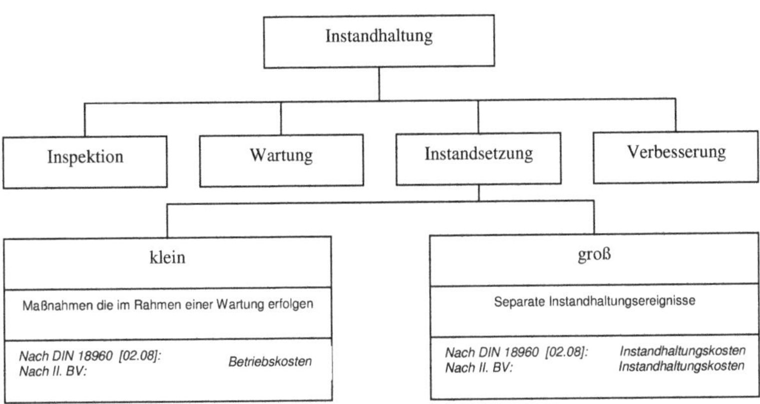

Bild 2: Abgrenzung von kleiner und großer Instandsetzung nach GEFMA

Die kleine Instandsetzung umfasst alle Maßnahmen, welche in der Regel im Rahmen der Wartung durch eigene Techniker durchgeführt werden. Dabei handelt es sich um den Tausch von Verschleißteilen, sowohl kurz vor oder unmittelbar nach dem Ausfall der Betrachtungseinheit. Die zugehörigen Kosten gelten als Betriebskosten im Sinne der II. BV und der DIN 18960 [02.08]. Die große Instandsetzung umfasst alle zur Wiederherstellung des Sollzustandes, die über die kleine Instandsetzung hinausgehen und als separate Instandhaltungsereignisse durchgeführt werden. Die zugehörigen Kosten sind den Instandhaltungskosten nach der II. BV sowie den Instandsetzungskosten nach DIN 18960 [02.08] zuzuordnen.

3.2 Grundmaßnahmen der Instandhaltung

Die Instandhaltung ist gemäß DIN 31051 [06.03] in die Grundmaßnahmen Inspektion, Wartung, Instandsetzung und Verbesserung unterteilt (vgl. Bild 3), deren Definition nun gegeben wird.

Inspektionen sind „Maßnahmen zur Feststellung und Beurteilungen des Istzustandes einer Betrachtungseinheit einschließlich der Bestimmung der Ursachen der Abnutzung und dem Ableiten der notwendigen Konsequenzen für eine künftige Nutzung".[7] Inspektionen haben grundsätzlich vorbeugenden Charakter und dienen der Feststellung des momentanen Gebrauchs- und Funktionszustandes des Gebäudes, seiner Komponenten oder Betrachtungseinheiten. Somit sollen frühzeitig sich anbahnende Ausfälle von Instandhaltungsobjekten erkannt werden. Inspektionen bilden die Grundlage für die Instandhaltungsplanung.

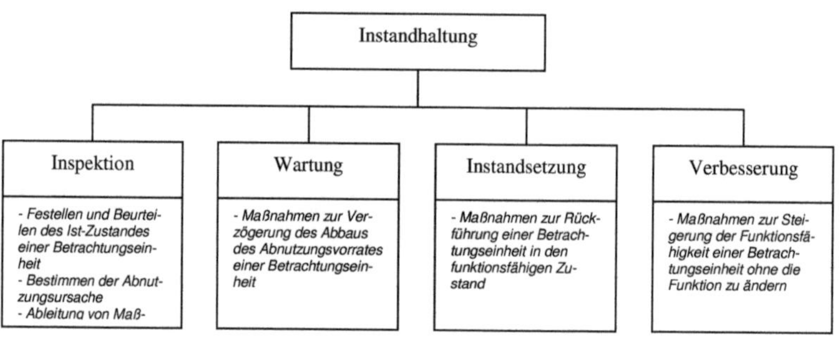

Bild 3: Grundmaßnahmen der Instandhaltung

Wartungen umfassen alle „Maßnahmen der Verzögerung des Abbaus des vorhandenen Abnutzungsvorrates".[8] Diese Maßnahmen sollen die Lebensdauer der Instandhaltungsobjekte verlängern und deren Ausfälle vermeiden. Sie haben präventiven Charakter.

Gebäude und ihre Instandhaltungsobjekte unterliegen einer materiellen Alterung, welche durch physikalische, biologische und chemische Prozesse hervorgerufen werden. Beispiele können Reibung und Korrosion sein. Dieser Vorgang der Abnutzung wird als Abbau des vorhandenen Abnutzungsvorrates bezeichnet. Der Abnutzungsvorrat wird durch die Errichtung des Instandhaltungsobjektes aufgebaut. Er dient der Funktionserfüllung unter determinierten Bedingungen, welche die Erfüllung der an das Gebäude gestellten Anforderungen für die beabsichtigte Nutzungsart sowie Nutzungsintensität. Der Abbau des Abnutzungsvorrates

---

[7]   DIN 31051 (06.03) Ziffer 4.1.3.

[8]   DIN 31051 (03.03) Ziffer 4.1.2

lässt sich in einer Kurve in Abhängigkeit von der Zeit schematisch darstellen. Unterschreitet die Kurve den vorgegeben Mindestwert, die Schadens- bzw. Abnutzungsgrenze, kommt es laut Definition zum Ausfall des Instandhaltungsobjektes (s. Bild 4).

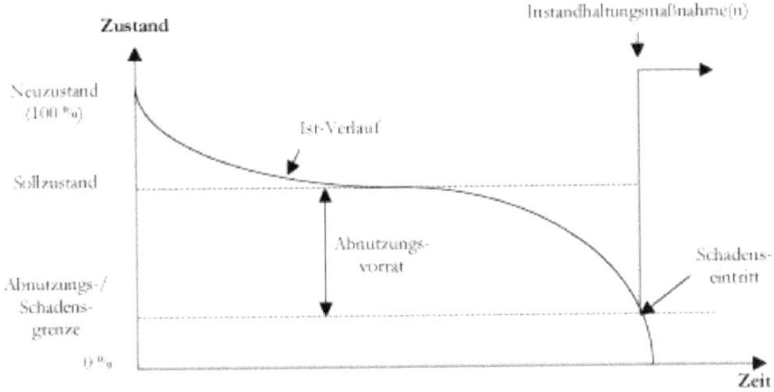

Abb. 4.: Abnutzungsvorrat und Sollzustand im Zeitablauf

Im Sinne des beschriebenen Modells der Abnutzung des Instandhaltungsobjektes wird durch Wartungsmaßnahmen der Abbau des Abnutzungsvorrates verlangsamt.

Instandsetzungen sind nach der DIN 31051 [06.03] „Maßnahmen zur Rückführung einer Betrachtungseinheit in den funktionsfähigen Zustand mit Ausnahmen von Verbesserungen."[9] Diese Definition beschreibt, dass durch eine Instandsetzung der Abnutzungsvorrat eines Instandhaltungsobjektes bis zu seiner ursprünglichen Höhe zum Zeitpunkt der Errichtung aufgebaut wird, beispielsweise die Instandsetzung der Heizungsanlage nach dem Ausfall

Zu den Instandsetzungen zählen auch Schönheitsreparaturen. Ziel ist es, das Erscheinungsbild des Instandhaltungsobjektes zu verbessern. Beispiele hierfür sind das Tapezieren von Wänden oder das Streichen von Heizkörpern. Schönheitsreparaturen werden als Konsequenz materieller Abnutzung, die auf einer üblichen Nutzungsintensität beruht, durchgeführt. Die Theorie von der Abnutzung des Instandhaltungsobjektes[10] hat mit dem Aufbau des Abnutzungsvorrates durch die Instandsetzung (Schönheitsreparatur) Gültigkeit.

Verbesserungen entstehen aus der „Kombination aller technischen und administrativen Maßnahmen sowie Maßnahmen des Managements zur Steigerung der Funktionssicherheit einer Betrachtungseinheit, ohne der von ihr geforderte Funktion zu ändern."[11]

Verbesserungen gen sind demnach Maßnahmen, die identifizierte Schwachstellen eines Instandhaltungsobjektes beseitigen und somit dessen Funktionalität erhöhen.[12]

---

9   DIN 31051 (06.03) Ziffer 4.1.4.
10   Vgl. Rausch (2009) S. 123
11   DIN 31051 [06.03] Ziffer 4.1.5.

Bei der Verbesserung soll nicht nur der Abnutzungsvorrat aufgebaut, sondern ein Niveau von über 100% bezogen auf den Ausgangszustand erreicht werden. In der Abgrenzung der Modernisierung, welche sich insbesondere dadurch kennzeichnet, dass der Gebrauchswert des Objektes erhöht wird[13], bleibt bei der Verbesserung die geforderte Funktion des Instandhaltungsobjektes unverändert.

Die im Kapitel 2 beschriebenen Grundlagen der Instandhaltung sollen für die weitere Bearbeitung des Themas ausreichen und lediglich Verständnis für den Leser des nachfolgenden Hauptteils geben.

---

[12]   Vgl.: Behrehbeck (1994) S. 6 f
[13]   Vgl. HOAI § 3 Nr. 6

4 Modellklassen der Instandhaltung

4.1 Einführung

Betriebswirtschaftlicher Ausgangspunkt für die Betrachtung mathematisch-statistischer Modelle der planmäßig vorbeugenden und operativen Instandhaltung ist ein Forderungenzustand der Technischen Gebäudeausrüstung [Tega][14] mit einem Leistungsprofil, das einem Semi-Markow-Prozess [SMP] entspricht. Instandhaltungsprozesse mit Markow-Eigenschaft sind im Unterschied zu Zustandsänderungen beim klassischen Markow-Prozess, die in äquidistanten Zeitabständen auftreten, dadurch gekennzeichnet, dass auch die Dauer der Zustandsänderungen einem weiteren stochastischen Prozess unterliegt.

Zustände für das Bediensystem der Instandhaltung sind:

– „Bedienung", die Tega befindet sich in Inspektion, Reparatur, Schwachstellenforschung oder Wartung.

– „Forderung", die Tega ist einer vorbeugenden oder operativen Instandhaltung oder mangelnder Funktions- und Betriebsfähigkeit wegen im Wartezustand auf eine Abfertigung.

– „Leer", die Tega besitzt volle Funktions- und Betriebsfähigkeit, es liegt keine Instandhaltungsforderung vor.

– „Übergang", die Tega wechselt zwischen den folgenden Zuständen: „Forderung" → „Bedienung" → „Leer".

Diese Zustände werden wahrscheinlichkeitstheoretisch bewertet, eingeteilt i. d. R. in zwei statistisch bestimmte Zustandsklassen:

– **Dual**: „Leer" und „Bedienung". Typisch für vorbeugende Instandhaltung. Die Verteilungsfunktion der Nutzungsdauer ist bestimmbar, deren Parameterwerte können approximiert werden. Sind Parameterwerte unbekannt, gibt es Szenarien[15]:

• Adaptions-Szenario: Die fehlenden Werte der Verteilungsparameter werden durch approximative, empirische oder experimentelle Gewinnung weiterer Daten ergänzt.

• Minimal-Szenario: Die auf Grund der Datenlage anzunehmende schlechteste Verteilungsfunktion bestimmt die bestmögliche Instandhaltungsstrategie.

Die Kenntnis der Verteilungsfunktion der Nutzungsdauer fundiert bei Vorliegen der bisherigen Laufzeit und Einbeziehung der Befundung des Erhaltungszustandes der Tega die Instandhaltungsstrategie.

– **Komplex**: „Bedienung", „Forderung", „Leer" und „Übergang"[16]. eine unabhängige, unterschiedlich definierte Variable $\eta(t)$ beschreibt verschiedene Bedienprozesse[17].

Bei der Einteilung der Bediensysteme des Instandhaltungswesens haben sich einige Fachbegriffe eingebürgert[18] (vgl. Tab. 1).

Tab. 1: Instandhaltungsbegriffe

Begriff	Erklärung
Bedienzeit Fest ↔ zufällig	Die Bedienzeit steht fest ($\mu \geq 0$) oder wird echtzeitnah stochastisch vertei ermittelt. Beeinflusst sie die Instandhaltungstechnologie wenig oder nicht, dann wird das Modell so einfach wie möglich gehalten.
Ersatzbestand Frei ↔ begrenzt	Vereinfachte Instandhaltungsmodelle fußen auf der Annahme eines unbe grenzten Lagerbestandes an Ersatzteilen für Instandhaltungen. Abweichungen berücksichtigt das jeweilige Modell.
Sparreparatur[19] Ja ↔ nein	Ersatz eines ausgefallenen Moduls durch ein gleiches desselben technischen Alters, häufig angewandt bei der Instandhaltung von Tegas, die be einem Modulausfall funktionsunfähig werden. Nach (heißer) Reparatur funktioniert die Tega mit unveränderter Restlebensdauer weiter.
Planungstakt Operativ ↔ periodisch	Vorbeugend wird jeweils für die Planperiode ein Instandhaltungsplan mit optimalen Instandhaltungsintervallen erstellt oder operativ sofort nach Au fall einer Tega die Instandhaltungsmaßnahme festgelegt.
Stillstandszeiten Keine ↔ vorhanden	Bei Tega-Ausfall vor einem planmäßigen Instandsetzungspunkt ist, abhängig vom Abstand zu diesem Zeitpunkt zu entscheiden, die Tega auße Betrieb zu lassen oder sofort zu reparieren, je nach geforderter Verfügba keit der Tega und gewünschter Modellkomplexität.
Bediensystem-komplexität Ein- ↔ mehrkana lig	Die Modellbildung ist abhängig davon, ob eine mit Ausfallwahrscheinlichkeit behaftete Tega oder ein Ausrüstungssystem aus mehreren, äquidistanten oder verschiedenartigen Tegas vorliegt, die sich gegenseitig be dingen oder einen gemeinsamen Instandhaltungspunkt aufweisen; dann handelt es sich um Blockinstandhaltung (Blockwartung).
Unvollständige In standhaltung[20] Sicher ↔ riskant	Die Instandhaltung ist erfolgreich (Wahrscheinlichkeit = 1) oder kann fehl schlagen (Wahrscheinlichkeit < 1), wie z. B. eine Reparatur; bis auf die dabei verursachten Kosten kann das folgenlos bleiben oder aber ein Risiko darstellen, wenn die Tega Schaden nimmt.
Zustandsarten	Je nach Bediensystem und Modellannahme bestehen diskrete bzw. stetig

---

[16] Definitionsgemäß umfasst deren Wertemenge stets mehr als zwei Elemente, da sonst nur die beiden Zustände „Leer" und „Bedienung" abgebildet werden könnten.

[17] Die unabhängige Variable $\eta[t]$ kann auch bei der dualen Klasse auftreten. Die Annahmen für ihre Erklärung der unabhängigen Variable $\eta[t]$ dürfen auch unvollständig sein, wenn die Zustände ausreichend erfasst werden.

[18] Vgl. http://www.comnets.uni-bremen.de/itg/itgfg521/FG521/Main_Frame.html

[19] Auch Sparreparatur genannt. Vgl. Bosch, K., Jensen, J.: Instandhaltungsmodelle – Eine Übersicht. OR Spektrum 5, 1983 S. 105 - 118.

[20] Der Begriff „Unvollständige Instandhaltung" ist nicht mit dem Begriff „Unvollständige Erneuerung" zu verwechseln, der ein Synonym für Sparreparatur ist. Vgl. Bosch, K., Jensen, U.: Instandhaltungsmodelle – Eine Übersicht. OR Spektrum 5, S. 105 - 118, 1983

Dual ↔ komplex	duale oder komplexe Zustände. Bei Modellen mit Verteilungsfunktionen der Nutzungsdauer werden endlich viele Zustände dargestellt.

Nach den Eigenschaften des Ankunfts- und Bedienprozesses werden Buchstabenkennungen [BK] des Bediensystems angewendet (vgl. Tab. 2), die weitgehend auf der Kendall-Kennzeichnung[21] beruhen.

Tab. 2: Kennungen K für Eigenschaften eines Bediensystems

K	Bezeichnung	Beschreibung
A	Ankunftsprozess der Forderungen	Statistische Verteilung der Zwischenankunftszeitpunkte der Forderungen
D	Deterministischer Prozess	Konstante Ankunfts- oder Bedienzeit
E_k	Erlangprozess	Erlangverteilung k-ter Ordnung
G	Allgemeiner (genereller) Prozess	Beliebige Verteilung
H	Linearkombination exponentieller Verteilunge	Hyperexponentialverteilung
M	Markow-Prozess	Exponential- bzw. Poissonverteilung
P_H	Phasenverteilung	Z. B.: Coxverteilte Exponentialphasen
S	Bedienprozess der Bedienkanäle	Statistische Verteilung der Bedienzeiten die ein Bedienkanal beansprucht
c	Anzahl der Warteplätze[22]	Verlustsystem: $c = 0$!
p	Forderungen im Bediensystem[23]	Maximale Anzahl im System ankommender Forderungen
s	Anzahl der Bedienkanäle im System	Gleichwertige Bedienkanäle: $s \geq 1$

Damit können die Klassenmerkmale eines Bediensystems einfach angegeben werden, weil umfassendere Kennzeichnungen möglich sind (vgl. Tab. 3). Am häufigsten tritt die Kennung: A|S|c|p|s, auf.

Tab. 3: Beispiele von Kennungen der Eigenschaften von Bediensystemen

BK	Beschreibung
A|S	Allgemeine Bezeichnung für ein Bediensystem
A|S|∞|s	Offenes Instandhaltungssystem, unbegrenzte Anzahl an Forderungen ($p \to \infty$) und einer Anzahl s an Bedienkanälen
A|S|p|s	$0 < p < \infty$: Geschlossenes Instandhaltungssystem
A|S|∞|s	Offenes Instandhaltungssystem
D|D|3|5|2	Deterministisches geschlossenes Wartesystem mit drei Warteplätzen ($c = 3$), fünf beaufschlagten Forderungen ($p = 5$) und zwei Bedienkanälen ($s = 2$)
M|M|0|∞|2	Stochastisches offenes Verlustsystem mit zwei Bedienkanälen

---

[21] Vgl.: http://de.wikipedia.org/wiki/Kendall - Notation.

[22] Das Wartesystem ist unbeschränkt groß bei: $c \to \infty$! Im Allg. erfolgt dann keine Angabe.

[23] Der Forderungen auf Instandhaltungstrom ist unbeschränkt groß bei: $p \to \infty$! Im Allg. erfolgt dann keine Angabe.

Bei der bedienungstheoretischen Betrachtung der Instandhaltung werden verschiedene Szenarien aus der **Praxis** untersucht. Um diese Prozesse mit Zahlen zu bewerten werden nach folgende Parameter zugrunde gelegt: Als Hauptleistungszeit wird der Tag mit einem Zeitumfang von sechshundert Minuten (T = 10 h/d) zugrunde gelegt. Die darüber liegenden Zeitanteile des Arbeitstages heißen hauptleistungsfreie Zeit.

4.2 Deterministische Modelle für offene Bediensysteme

4.2.1 Überblick

Es werden einige Modelle für offene deterministische Bediensysteme mathematisch-statistisch unter der Annahme modelliert, dass die Forderungen auf Instandhaltung äquidistant eintreffen und die Bedienzeit für alle Forderungen denselben Wert besitzt. Diese Festlegung ergibt sich als Folge des vorbestimmten Wesens von planmäßig vorbeugenden Instandhaltungen, dass die Forderungen periodisch ankommen und deren Instandhaltung eine feste Bedienzeit erfordert. Für den Auslastungsgrad der Bedienkanäle, die Wartedauer der Forderungen und den Anteilssatz der bedienten bzw. verlorenen Forderungen werden einfache betriebswirtschaftliche Terme angegeben.

Als Bedienmenge ist die Summe der Belegsdauer eines Bediensystems innerhalb eines beliebig wählbaren Zeitabschnitts, genannt Arbeitsperiode, anzusehen. Unter Kapazität des Bediensystems K wird der maximale Durchsatz eines Bediensystems verstanden. Sie folgt aus dem Produkt von der in einer Arbeitsperiode je Bedienkanal verfügbaren Bedienzeit μ und der Anzahl der Bedienkanäle s:

$$K = \mu \cdot s.$$

Eine Forderung auf Instandhaltung wird immer dann erfüllt, wenn die verfügbaren Kapazität K des Bediensystems größer oder gleich der Ankunftsrate λ ist bzw. die Bedienrate ρ, das Verhältnis: Ankunftsrate λ zu Bedienzeit (vgl. Bild 4), kleiner oder gleich der Anzahl der Bedienkanäle s:

$$K \geq \lambda \quad \rightarrow \quad \rho \leq s, \quad \rho = \frac{\lambda}{\mu}. \tag{01}$$

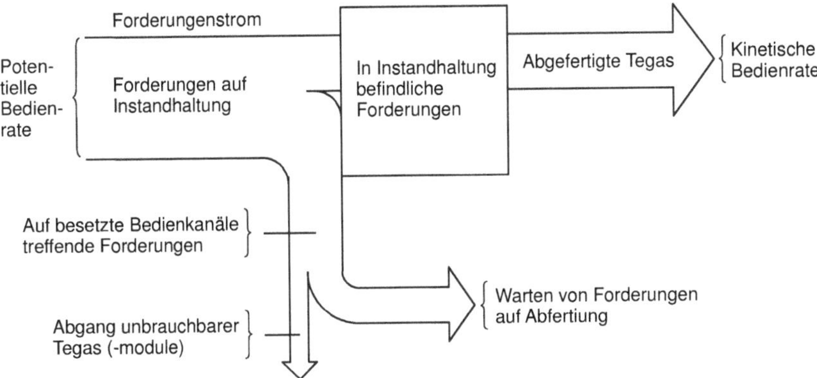

Bild 4: Bedienrate, Kapazität des Bediensystems und Forderungenstrom

In bestimmten Zusammenhängen wird die durch einen Bedienkanal[24] zu verarbeitende Bedienmenge auch als Bedienlast bezeichnet.

Deterministische Modelle für offene Wartesysteme lassen sich auch unter ähnlichen Prämissen sinnvoll auf geschlossene übertragen[25], wie z. B. auf Bediensysteme der Instandhaltung von Tegas.

4.2.2 Verlustsystem der Instandhaltung

Das deterministische offene Verlustsystem D|D|0|∞|s (vgl. Bild 5) besitzt eine Anzahl *s* an Bedienkanälen, die nebeneinander angeordnet sind, gleichwertige Eigenschaften besitzen und absolut zuverlässig einen regelmäßigen eintreffenden Strom von Forderungen auf Instandhaltung abfertigen.

Die Intensität des Eintreffens der Forderungen auf Instandhaltung wird mit der Ankunftsrate λ ausgedrückt. Jeder Bedienkanal kann in einer Arbeitsperiode τ die Anzahl μ von Forderungen auf Instandhaltung abfertigen.

---

[24] Bei Vorhandensein von parallel angeordneten redundanten Bedienkanälen darf eine gewisse Anzahl ausfallen.
[25] Diese Abbildungsmöglichkeit wird hier jedoch nicht als eine eigene Problemstellung behandelt.

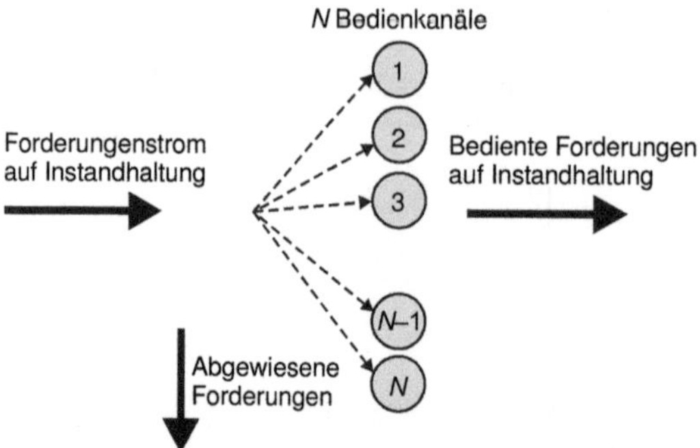

Bild 5: Flussbild eines offenen Verlustsystems

Eine Forderung auf Instandhaltung

- wird bedient, wenn die freie Kapazität des Bediensystems K größer ist als die Ankunftsrate λ des Forderungenstroms und wenn im Anlaufzustand des Bediensystems alle Bedienkanäle frei sind;

- geht verloren, sobald sie auf durchgehend abfertigende Bedienkanäle trifft, weil keine freie Kapazität des Bediensystems vorhanden ist.

In jedem mehrkanaligen Bediensystem treten geeignet der verfügbaren Kapazität des Bediensystems und deren Beaufschlagung durch den Forderungenstrom auf Instandhaltungen eine bestimmte Anzahl m freier und eine Anzahl b besetzter Bedienkanäle auf, aus denen sich die Anzahl s aller Bedienkanäle ergibt:

$$s = b + m.$$
[02]

Ist eine freie Bedienstellenanzahl m im Anlaufzustand des Bediensystems vorhanden und hat die zu diesem Zeitpunkt besetzte Bedienstellenanzahl b gerade mit der Instandhaltung begonnen, dann gehen nur die Forderungen auf Instandhaltung verloren, die nach der vollständigen Belegung der bisher freien Bedienstellen keine Kapazität des Bediensystems mehr vorfinden.

Forderungen auf Instandhaltung müssen stets warten oder gehen verloren, wenn der Forderungenstrom auf Instandhaltung mit der Ankunftsrate l größer ist als die Kapazität K des Bediensystems mit dem Produkt aus Bedienzeit μ und Anzahl der Bedienkanäle s:

$$\lambda > K = \mu \cdot s \;\rightarrow\; s < \rho \quad \text{bzw.} \quad s \cdot \mu < \lambda.$$
[03]

Nach einer Anlaufzeit, die vom Kapazitätszustand des Bediensystems, der Anzahl der Bedienkanäle s und dem Bedienrate ρ abhängt, wird der Forderungenstrom auf Instandhaltungen in einen Anteilssatz c_b der bedienten Forderungen (benutzte Kapazität) und in einen Anteils-satz c_v der verlorenen Forderungen (verlorene Kapazität) unterteilt:

$$c_b = \frac{s}{\rho} \quad \rightarrow \quad c_v = 1 - c_b. \qquad\qquad [04]$$

Determiniertes Verlustsystem der Instandhaltung

$$\lambda = \frac{T}{F}, \quad \mu = \frac{T}{D}, \quad \rho = \frac{\lambda}{\mu}, \quad c_b = \frac{s}{\rho}$$

$$c_v = \begin{cases} 1 - c_b, & \text{wenn} \quad c_b \leq 1, \\ 0, & \text{wenn} \quad c_b > 1, \end{cases} \quad \eta_b = \begin{cases} \dfrac{\rho}{s}, & \text{wenn} \quad \rho \leq s \\ 1, & \text{wenn} \quad \rho > s \end{cases}$$

Die in einer Blockinstandsetzung eines Verwaltungsgebäudes befindlichen Tegas werden am Ende dieser Instandsetzung auf ihre Genauigkeit und Zuverlässigkeit untersucht. Die Tegas bilden eine regelmäßige theoretische Verteilung der eintreffenden Forderungen mit einer determinierten Ankunftszeit von hundertzwanzig Minuten. Die Abfertigung der Inspektion dauert bei Einsatz eines Haustechnikers genau zweihundert Minuten. Zunächst werden die Ankunftsrate λ und die Bedienzeit μ auf Grund der Hauptleistungszeit T ermittelt. Mit diesen Ausgangsdaten wird die Verkehrsrate ρ bestimmt. Es ist nur ein Haustechniker als Bedien-kanal: $s = 1$, eingesetzt. Wie ist das betrachtete Instandhaltungssystem bedienungstheore-tisch zu beurteilen?

Bedienzeit einer Forderung	D	=	200	Min.
Ankunftszeit der Forderungen	F	=	120	Min.
Hauptleistungszeit	T	=	600	Min./d
Anzahl der Bedienkanäle	s	=	1	St.
Leistungsrate des Verlustsystems	c_b	=	60,00	%
Abweisrate des Verlustsystems	c_v	=	40,00	%
Auslastungsgrad des Verlustsystems	η_b	=	100,00	%
Ankunftsrate der Forderungen	λ	=	5	1/d
Bedienrate des Verlustsystems	μ	=	3	1/d
Verkehrsrate des Bediensystems	ρ	=	1,67	St.

Der Verkehrsrate ρ übersteig die Anzahl s der Bedienkanäle; darum gehen wegen fehlender Bedienkanäle während der Leistungsperiode des Hauptprozesses T ständig Forderungen mit einer Abweisrate des Verlustsystems c_v von vierzig Prozent verloren. Unter dieser Bedingung können nicht alle Tegas zum Ankunftszeitpunkt überprüft werden. Es wird lediglich eine Leistungsrate des Verlustsystems c_b von sechzig Prozent (kleiner als die Anzahl s der Bedienkanäle) in der Hauptleistungszeit inspiziert, während der Verlustanteil der instandgesetzten Technischen Gebäudeausrüstungen auf die hauptleistungsfreie Zeit $> T$ eingeplant wird. D. h., diejenigen Technischen Gebäudeausrüstungen, die aus Kapazitätsgründen während der Hauptleistungszeit nicht überprüft werden können, werden einer späteren Überprüfung in einer arbeitsfreien Zeit unterzogen.

Das deterministische Verlustsystem kann auch noch durch andere Merkmalsträger als die angegebenen Anteilssätze der bedienten Forderungen c_b und der verlorenen Forderungen c_v erklärt werden, besonders ist mit dem Auslastungsgrad η_b eines Bedienkanals. Denn nach einer bestimmten Anlaufzeit gilt für dem Auslastungsgrad:

$$\eta_b = \begin{cases} \dfrac{\rho}{s}, & \text{wenn} \quad \rho < s, \quad \text{vgl. [2.1]} \\ 1, & \text{wenn} \quad \rho \geq s, \quad \text{vgl. [2.3]} \end{cases} \qquad\qquad [05]$$

Kennzahlen des Verlustsystems

Ein anderes Verhalten zeigt dieses Verlustsystem der Instandhaltung, wenn ein zweiter Haustechniker am ersten Ankunftszeitpunkt seine Tätigkeit aufnimmt. Dann wird durch die Verfügbarkeit von zwei Bedienkanälen: $s = 2$, die folgende Beziehung erfüllt: $s \geq \rho$. Es ist ein offenes determiniertes Verlustsystem mit Abfertigung aller Forderungen im Unterschied zu denjenigen, bei denen einige Forderungen keinen freien Bedienkanal finden, weil die Ankunftsrate λ die Bedienkapazität K übersteigt: $\lambda > K$:

$$K \geq \lambda = \mu \cdot \rho \quad \text{und} \quad K = s \cdot \mu \quad \Rightarrow \quad \begin{cases} s \geq \rho & \Rightarrow \quad c_b \leq 1 \quad \Rightarrow \quad \text{Abfertigung} \\ s < \rho & \Rightarrow \quad c_b > 1 \quad \Rightarrow \quad \text{Abweisung} \end{cases}$$

$$\rho = \frac{\lambda}{\mu} \quad \Rightarrow \quad \begin{cases} \eta_b = \begin{cases} \dfrac{\rho}{s}, & \text{wenn } s \geq \rho \\ 1, & \text{wenn } s < \rho \end{cases} \\[2ex] c_b = \begin{cases} \dfrac{s}{\rho}, & \text{wenn } s \geq \rho \\ 1, & \text{wenn } s < \rho \end{cases} \\[2ex] c_v = \begin{cases} 1 - c_b, & \text{wenn } c_b < 1 \\ 0, & \text{wenn } c_b = 1 \end{cases} \end{cases}$$

Bedienzeit einer Forderung	$D =$	200	Min.
Ankunftszeit der Forderungen	$F =$	120	Min.
Hauptleistungszeit	$T =$	600	Min./d

Anzahl der Bedienkanäle	s	=	2	St.
Leistungsrate des Verlustsystems	c_b	=	100,00	%
Abweisrate des Verlustsystems	c_v	=	0,00	%
Auslastungsgrad des Verlustsystems	η_b	=	83,33	%
Ankunftsrate der Forderungen	λ	=	5	1/d
Bedienrate des Verlustsystems	μ	=	3	1/d
Verkehrsrate des Bediensystems	ρ	=	1,67	

Unter diesen Voraussetzungen gehen bereits vom ersten Ankunftszeitpunkt an keine Forderungen mehr verloren: Ab dieser Ankunftszeit wird die Instandsetzungsgüte aller im Block reparierten Technischen Gebäudeausrüstungen in der Hauptleistungszeit begutachtet. Sämtliche Forderungen werden abgefertigt, weil die Verkehrsrate ρ die Anzahl der Bedienkanäle s nicht übersteigt und die Forderungen zu Beginn der Abfertigung auf die entsprechende Anzahl freier Bedienkanäle m trifft. Sind beim Start weniger Frei- als Bedienkanäle vorhanden: $m < s$, und sind die Anzahl der besetzten Bedienkanäle mit der Anzahl b gerade in Betrieb gegangen: $b = s - m$, dann gehen höchstens die nach der m-ten Forderung auf Anzahl der besetzten Bedienkanäle treffenden Forderungen verloren. Nach Abschluss des Bediensystemanlaufs sind die Abweisrate der Forderungen, der Auslastungsgrad und die Leistungsrate der Bedienkanäle feste Größen.

Ist der Auslastungsgrad kleiner 1, dann ist freie Kapazität des Bediensystems vorhanden, ist er gleich 1, dann ist keine Kapazität des Bediensystems verfügbar.

4.2.3 Ein deterministisches Modell für ein offenes Wartesystem

Die folgenden Betrachtungen über offene Wartesysteme lassen sich auch sinnvoll auf geschlossene Wartesysteme übertragen, wie z. B. auf Bediensysteme der Instandhaltung von Tegas.

Die Modellbildung erfolgt unter der Annahme, dass die Forderungen auf Instandhaltung äquidistant eintreffen und alle Forderungen die gleich große Bedienzeit besitzen. Die Typbezeichnung: |D|D|∞|p|s (vgl. Bild 6), enthält als Forderungen eine festliegende Anzahl *kann die Anzahl p der im Bediensystem befindlichen Forderungen* an Tegas und eine festliegende Anzahl s an Bedienkanälen s.

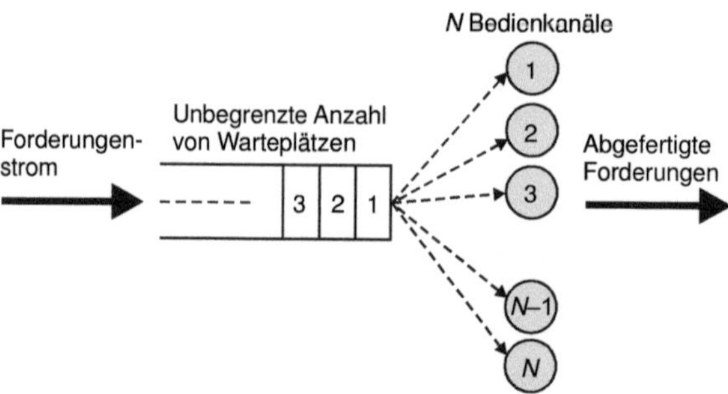

Bild 6: Flussbild eines offenen Wartesystems

Die Annahmen und Festlegungen in Bezug auf die Eigenschaften des Ankunftsprozesses der Forderungen und der Instandhaltung der Tegas werden insofern ergänzt, dass

– jede auf durchgehend abfertigende Bedienkanäle treffende Forderung auf Instandhaltung unbedingt auf den Beginn der Instandhaltung wartet,

– eine strenge Schlangendisziplin herrscht mit der Folge, dass alle wartenden Forderungen in der Reihenfolge ihrer Ankunft abgefertigt werden,

– keine Forderung auf Instandhaltung wartet, wenn *erstens* im Anlaufzustand des Bediensystems alle Bedienkanäle frei sind: $m = s$, (vgl. [02]) und *zweitens* die Anzahl der Bedienkanäle nicht kleiner ist als die Bedienrate: $s \geq \rho$, (vgl. [01]).

Befindet sich bereits eine Anzahl an Forderungen auf Instandhaltung in der Abfertigung: $p = b$, dann gilt strenge Schlangendisziplin: Die erste ankommende Forderung auf Instandhaltung: $p = s + 1$, die folglich keinen freien Bedienkanal findet: $b = s$, besetzt im Warteraum den ersten Platz und wird als nächste Forderung vom ersten frei werdenden Bedienkanal abgefertigt.

Vorausgesetzt wird, dass die Ankunft dieser ersten wartenden Forderung auf Instandhaltung zum Zeitpunkt zu erwarten ist:

$$t_{s+1} = \frac{1}{\lambda}. \tag{06}$$

Wie viele weitere wartende Forderungen auf Instandhaltung: $p > s + 1$, sich eine Wartezeit gedulden müssen, bestimmt nach einer bestimmten Anlaufzeit, die vom Anfangszustand des Bediensystems abhängt, die Warterate δ mit der Anzahl s der Bedienkanäle, der Bedienrate ρ und dem Auslastungsgrad η_b des Bediensystems:

$$\delta = \rho - s, \quad \rightarrow \quad W(j) = \begin{cases} < 0, & \text{wenn} \quad \delta < 0, \quad \eta_b = \dfrac{\rho}{s} \\ \geq 0, & \text{wenn} \quad \delta \geq 0, \quad \eta_b = 1 \end{cases} \qquad [07]$$

Je kleiner der positive Wert der Warterate δ wird, umso verminderter ist die Wartezeit der Forderungen auf Instandhaltung. Nach Übergang der Warterate δ in den Minusbereich beträgt die Wartedauer $W(j)$ der Forderung j auf Instandhaltung:

$$W(j) = \begin{cases} 0, & \text{wenn} \quad 1 \leq j \leq m \\ \dfrac{s-j}{s \cdot \mu} = \dfrac{s-j}{\lambda}, & \text{wenn} \quad m < j \leq p \end{cases} \qquad [08]$$

Ist die Anzahl der Bedienkanäle nicht kleiner als die Bedienrate: $\eta_b < 1$, (vgl. [05]), dann erfüllt, von einer bestimmten Anlaufzeit abgesehen, das Wartesystem alle Forderungen, ohne dass eine Forderung auf Instandhaltung warten muss.

Falls das Bediensystem ausgelastet ist: $\eta_b \geq 1$, (vgl. [05]), müssen sämtliche eintreffenden Forderungen auf Instandhaltung warten. Ist im Anlaufzustand des Bediensystems die Anzahl m der Bedienkanäle frei, dann brauchen die ersten Forderungen: $j < p$, nicht auf Instandhaltung zu warten: Das Wartesystem ist zu diesem Zeitpunkt überfordert.

Verlustfreie Bedienkanalanzahl

$$\lambda = \frac{T}{F}, \quad \mu = \frac{T}{D}, \quad \rho = \frac{\lambda}{\mu}, \quad s = \lceil c_b \cdot \rho \rceil$$

$$c_v = \begin{cases} 1 - c_b, & \text{wenn} \quad c_b \leq 1, \\ 0, & \text{wenn} \quad c_b > 1, \end{cases} \quad \eta_b = \begin{cases} \dfrac{\rho}{s}, & \text{wenn} \quad \rho \leq s \\ 1, & \text{wenn} \quad \rho > s \end{cases}$$

In der Instandhaltungsabteilung „Anlagenüberwachung und Bediensystemprüfung" eines Verwaltungsgebäudes trifft alle zweihundert Minuten eine Forderung auf Bediensystemkontrolle ein. Eine Funktions- und Leistungsprüfung einer Tege dauert neunhundert Minuten. Mit wie vielen Servicetechnikern muss das Instandhaltungswesen besetzt sein, damit jede Tega ohne Zeitverzug auf ihre Betriebs- und Funktionsfähigkeit untersucht werden kann?

Bedienzeit einer Forderung	D	=	900	Min.
Ankunftszeit der Forderungen	F	=	200	Min.
Hauptleistungszeit	T	=	600	Min./d
Leistungsrate des Verlustsystems	c_b	=	100,00	%
Abweisrate des Verlustsystems	c_v	=	0,00	%
Auslastungsgrad des Verlustsystems	η_b	=	90,00	%
Ankunftsrate der Forderungen	λ	=	3	1/d
Bedienrate des Verlustsystems	μ	=	0,67	1/d
Verkehrsrate des Bediensystems	ρ	=	4,50	
Anzahl der Bedienkanäle	s	=	5	St.

Damit keine Wartezeit der Prüfaufträge zustande kommt, muss für die Anzahl s der Kontrolleure gelten, dass sie mindestens der Verkehrsrate des Verlustsystems entspricht. Die Mindestbesetzung der Instandhaltungswesen mit Technischen Anlageinspektoren muss damit s_{min} = 5 sein, um das Auftreten von Wartezeiten zu verhindern. Diese fünf Instandhaltungsmitarbeiter sind zu neunzig Prozent mit Genauigkeits- und Zuverlässigkeitsuntersuchungen ausgelastet.

4.3 Stochastische Bediensysteme

4.3.1 Voraussetzungen und Einschränkungen

Bei der Betrachtung von stochastischen Bediensystemen wird die Voraussetzung getroffen, dass mindestens entweder die Ankunft der Forderungen auf Instandhaltung oder deren Abfertigung in den Bedienkanälen ein wahrscheinlichkeitsverteiltes Zeitverhalten aufweisen. Der Hauptfall ist jedoch das insgesamt stochastische Verlustsystem: |M|M|0|∞|s|, und das stochastische Wartesystem |M|M|∞|∞|s|. Das heißt, dass sowohl die Ankunftszeiten als auch die Bedienzeiten der Forderungen auf Instandhaltung als stochastische Prozesse aufgefasst werden können.

Unter diesen vorgenannten Prämissen sollen nachfolgend mathematisch-statistische Modelle für Bediensysteme behandelt und besprochen werden. Darüber hinaus kann die mathematisch-statistische Entwicklung eines solchen Bedienmodells stets an voraussetzende Anforderungen und einschränkende Nebenbedingungen gebunden sein.

Die für grundlegende mathematisch-statistische Modelle stochastischer Bediensysteme erforderlichen wahrscheinlichkeitstheoretischen Annahmen, Festlegungen, Parameter und Terme werden im Folgenden dargestellt und erklärt. Davon ausgehend werden aus Sicht der Betriebswirtschaft des Instandhaltungswesens stochastische Modelle für offene und geschlossene Bediensysteme erörtert.

Ein Bediensystem kann nur unter Beachtung des vorliegenden Bedingungsgefüges betrachtet und mathematisch-statistisch unter einschränkenden Annahmen sowie Festlegungen in Modellen entwickelt werden. Die Annahmen und Festlegungen beziehen sich auf die

- Ankunfts- und Bedienprozesse, wie z. B. deren Verteilung nach Poisson,

- Bedienkanäle hinsichtlich deren Gleichwertigkeit und absolute Zuverlässigkeit.

Für die Modellentwicklung eines Bediensystems und planstrategische Anwendung in Bezug auf betriebswirtschaftliche Entscheidungen werden einige grundlegende Verfahrenswege erörtert und durch Beispielrechnungen unterlegt.

Unter den Festlegungen über die

- Anforderungen an den Forderungenstrom,

- Anforderungen an die Bedienkanäle

wird ein Verlustsystem mit der Kennung: M|G|s, mathematisch-statistisch behandelt. Besonders werden übersichtliche Terme für die stationären Zustandswahrscheinlichkeiten, die Verlustwahrscheinlichkeiten und den Auslastungsgrad der Bedienkanäle angegeben und durch Beispiele erläutert.

Unter den Festlegungen

- Anforderungen an den Forderungenstrom,

- Anforderungen an die Bedienkanäle,

- Anforderungen an die Bedienzeiten

wird ein mathematisch-statistisches Modell für ein nichtkritisches offenes Wartesystem behandelt. Dieses besteht in der Abfassung von mathematisch-statistischen Termen für die:

- Auslastungsgrad,

- Besetztwahrscheinlichkeit,

- Kostenfunktion mit der Berechnung der Bedienkosten,

- mittlere Länge der Warteschlange,

- mittlere Wartedauer,

- Zustandswahrscheinlichkeiten

in Abhängigkeit von der

- Ankunftsrate λ,

- Anzahl s der Bedienkanäle,

- Bedienrate μ,

- Kostenfunktion des Bediensystems,

- Parametern der Bedienkosten.

Auf der Grundlage dieses Bedienmodells für Wartesysteme lassen sich Führungsprobleme lösen. Dieses Grundmodell eines Wartesystems soll verändert werden, indem die ursprünglich festgelegten Anforderungen an die Bedienzeiten aufgegeben und absolute Rangfolgen bei der Instandhaltung der Forderungen auf Instandhaltung zugelassen werden.

4.3.2 Erwartungswert[26] und Standardabweichung

Wenn die Auswahl von Elementen aus einer bestimmten Anzahl von Ereignissen, dargestellt in Zahlen oder Größen, ein zufälliges Ereignis ist, dann handelt es sich um eine Zufallsgröße, wie zum Beispiel die Anzahl der im Sommer für den Betrieb der Klimaanlagen auftretenden Temperaturen, die Anzahl der Feinstaubteilchen in der Raumluft, Abweichungen des Innendurchmessers eines in Gebrauch befindlichen Abwasserrohres von der Norm. Die Zufallsgrößen können diskrete als auch stetige Mengen von Werten annehmen.

Ein bestimmter Wert oder eine Anzahl von Werten einer Zufallsgröße wird wahrscheinlichkeitstheoretisch danach bewertet, ob die Zufallsgröße bei einem künftigen Versuch diesen

---

[26] Zuweilen wird auch der Ausdruck „mathematische Erwartung" verwendet.

bestimmten Wert annimmt, beziehungsweise einen bestimmten Wert aus der vorgegebenen Menge. Dann kann die Wahrscheinlichkeit dieses Ereignisses berechnet werden. Bei einer großen Anzahl an Versuchen (Wiederholungen) ist diese Wahrscheinlichkeit gleich der relativen Häufigkeit für das Auftreten des gegebenen Wertes dieser Zufallsgröße[27], wie z. B. die Wahrscheinlichkeit dafür, dass die Warmluftmenge eines klimatisierten Raumes die zulässigen Grenzen im Dauerbetrieb überschreitet.

Wenn die Wahrscheinlichkeit jedes Wertes der Zufallsgröße bestimmt worden ist, kann ein Diagramm für die Abhängigkeit der Wahrscheinlichkeit vom Wert der Zufallsgröße aufgestellt werden, gewöhnlich als eine Kurve der Wahrscheinlichkeitsverteilung, die auf der Abszisse die Werte x der Größe X und auf der Ordinate die Wahrscheinlichkeit $F(x)$ enthält, dass die Größe X nicht oberhalb eines bestimmten vorgegebenen Wertes x liegt:

$$P[X \leq x] = F[x].$$

Mit zunehmenden x-Werten steigt die Kurve der Häufigkeitsverteilung $F(x)$ monoton von null bis eins. Wenn die Zufallsgröße X nur einzelne diskrete Werte x annehmen kann[28], dann ist die Kurve der Häufigkeitsverteilung $F(x)$ in Stufen aufgeteilt. Wenn sich die die Zufallsgröße X stetig ändert, wie z. B. bei der Darstellung der Maßabweichung des Innendurchmessers eines Abwasserrohres über dessen Lebensdauer, dann tritt die Kurve der Häufigkeitsverteilung $F(x)$ als eine stetige Linie auf, deren Messwerte gewisse Schwankungen zeigen.

Mit Kurven der Häufigkeitsverteilung $F(x)$ kann die Wahrscheinlichkeit dafür bestimmet werden, dass die Zufallsgröße zwischen den Werten x_1 und x_2 liegt:

$$P[x_1 \leq X \leq x_2].$$

Die Wahrscheinlichkeit ist gleich der Differenz der Ordinate, die zu den Abszissenpunkten zwischen x_1 und x_2 einschließlich deren Randwerten x_1, x_2 gehören.

Eine diskrete Zufallsgröße X auch durch die Wahrscheinlichkeiten p_k bestimmt dadurch, dass die Zufallsgröße X einen Wert x_k annimmt:

$$p_k = P[X = x_k].$$

Der Unterschied besteht darin, dass jetzt gilt:

$$P(X = x_k) \quad \text{statt} \quad P(X \leq x) \quad \text{und} \quad F(x) = \sum p_k \quad \text{für alle} \quad x \in X.$$

Für die Summe aller k in der Stichprobe mit den Werten x_k für die Zufallsgröße X gilt:

$$\sum_k P_k = 1.$$

Für stetigen Zufallsgrößen X mit $P(X \leq x) = F(x)$ gilt geeignet mit der Funktion $p(x)$ der Wahrscheinlichkeitsdichte:

$$F(x) = \int_{-\infty}^{x} p(x) \cdot dx \quad \text{und} \quad \int_{-\infty}^{\infty} p(x) \cdot dx = 1, \quad F(x) = P(X \leq x).$$

Charakteristische Parameter der Wahrscheinlichkeitsverteilung sind der Erwartungswert und die Standardabweichung. Der Erwartungswert $M(X)$ einer zufälligen Größe ist die Summe der Produkte aus den Werten der Zufallsgröße und den zugehörigen Wahrscheinlichkeiten $P(X = x_i)$ für das Eintreten von x_1 ist:

$$M(X) = \sum_{i=1}^{n} x_i \cdot P(X = x_i). \tag{[09]}$$

Für stetige Größen X geht mit der Funktion $p(x)$ der Wahrscheinlichkeitsdichte die Summe über in das Integral:

$$M(X) = \int_{-\infty}^{+\infty} x \cdot p(x) \cdot dx. \tag{[10]}$$

Die Standardabweichung $D(X)$ ist der Erwartungswert des Quadrats der Abweichung der Zufallsgröße X von $M(X)$,

$$D(X) = \sum_{i=1}^{n} \left(x_i - M(X)\right)^2 \cdot P(X = x_1) \quad \text{bzw.} \quad D(X) = \int_{-\infty}^{\infty} \left(x - M(X)\right)^2 \cdot p(x) \cdot dx$$

für stetige Verteilungen. Je größer sie ist, desto häufiger treten vom Mittel große Abweichungen auf und umgekehrt: Je kleiner sie ist, umso besser die Approximation des Mittels. Die Standardabweichung erklärt die Qualität einer Approximation unter dem Gesichtspunkt der Genauigkeit.

4.3.3 Wahrscheinlichkeitsverteilungen

Um typische Verteilungsgesetze der Wahrscheinlichkeit für stochastische Bediensysteme darzustellen, wird zunächst die für Binomialverteilung betrachtet. Ausgangspunkt ist ein Betriebswirtschaftfall.

Bei der Inspektion des Verschleißzustandes von Modulen der Sprinkleranlagen ist davon auszugehen, dass sich in den Gebäuden gute und durch Verschleiß gefährdete Anlagenteile

---

[28] Wie z. B. die Anzahl der Lose, die immer nur eine ganze Zahl sein kann.

befinden. Die Wahrscheinlichkeit, dass ein willkürlich gewähltes Anlagenteil gut ist, betrage dann die Anzahl p der im Bediensystem befindlichen Forderungen. Bei einer zufälligen Auswahl von N Anlagenteilen ist von der Annahme auszugehen, dass die aufeinanderfolgenden Ereignisse, dass beim k-ten Mal ($k \leq N$) ein gutes Anlagenteil gezogen wird, voneinander unabhängig sind. Die Wahrscheinlichkeit, dass unter den N ausgewählten Anlagenteilen genau die Anzahl n guter Anlagenteile vorhanden sind, führt auf die Binomialfunktion:

$$P_N(n) = \frac{N!}{n! \cdot (N-n)!} \cdot p^n \cdot q^{N-n}. \qquad [11]$$

Zur Herleitung des mathematischen Ausdrucks der Binomialfunktion (vgl. [11]):

Ein durch Verschleiß gefährdetes Anlagenteil heißt f, ein gutes g. Die einzelnen aufeinanderfolgenden Ereignisse f und g sollen unabhängig voneinander sein. Die Wahrscheinlichkeit einer bestimmten Buchstabenordnung, in der n-mal der Buchstabe g und $(N-n)$-mal der Buchstabe f auftritt, gehorcht dem mathematischen Ausdruck:

$$p^n \cdot q^{N-n} \quad \text{mit} \quad q = 1 - p.$$

Die Wahrscheinlichkeit q steht für das zu g komplementäre Ereignis f.

Die Gesamtzahl N der entnommenen Proben kann aber folgende verschiedene Arten des Aufeinanderfolgens des durch Verschleiß gefährdeten Anlagenteils f und des guten Anlagenteils g zusammengesetzt sein:

$$\binom{N}{n} = \frac{N!}{n! \cdot (N-n)!},$$

deren jede einzelne Art die Wahrscheinlichkeit besitzt.

$$p^n \quad \text{und} \quad q^{N-n}.$$

$P_N(n)$ der Binomialfunktion (vgl. [11]) ist dem n-ten Glied des entwickelten Binoms

$$(p+q)^N$$

gleich. Diesem Term heißt Binomialverteilung. $F_N(n)$ ist die Wahrscheinlichkeit dafür, dass die zufällige Variable X kleiner oder gleich n ist:

$$P(X \leq n) = F_N = \sum_{k=1}^{n} \frac{N!}{k! \cdot (N-k)!} \cdot p^k \cdot q^{N-k}. \qquad [12]$$

Für die Binomialverteilung ist die mathematische Erwartung:

$$M(n) = N \cdot p, \quad \text{und die Standardabweichung:} \quad D(n) = N \cdot p \cdot q.$$

Wenn in der Binomialfunktion (vgl. [11]) die Grundgesamtheit N und der Stichprobenumfang n bei feststehenden Anzahlen p und q wachsen, dann führt der Grenzübergang auf die stetige Verteilung, die Gaußsche oder Normalverteilung:

$$P(X \leq x) = F(x) = \frac{1}{\sigma \cdot \sqrt{2\pi}} \cdot \int_{-\infty}^{x} e^{-\frac{(x-a)^2}{2\sigma^2}} \cdot dx, \quad \text{Dichte}: \quad p(x) = \frac{1}{\sigma \cdot \sqrt{2\pi}} \cdot e^{-\frac{(x-a)^2}{2\sigma^2}}. \qquad [13]$$

Die mathematische Erwartung der Normalverteilung ist:

$$M(X) = a, \quad \text{die Standardabweichung}: \quad D(X) = \sigma^2.$$

Wächst in der Binomialfunktion (vgl. [11]) die Grundgesamtheit N bei sehr verminderter Wahrscheinlichkeit $p(x)$, dann führt der Grenzübergang auf die Poisson-Verteilung (vgl. [14]):

$$P_N(X \leq n) = F_N(n) = \sum_{i=0}^{n} \frac{(N \cdot p)^n}{n!} \cdot e^{-N \cdot p},$$

für ein vorgegebenes n auf die Wahrscheinlichkeit $P_N(n)$, den Erwartungswert $M(n)$ und die Standardabweichung $D(n)$:

$$P_N(n) = \frac{(N \cdot p)^n}{n!} \cdot e^{-N \cdot p} = \frac{\lambda^n}{n!} \cdot e^{-\lambda}, \quad M(n) = N \cdot p = \lambda, \quad D(n) = N \cdot p = \lambda.$$

Bei der Anwendung von stochastischen Modellen der Bedienungstheorie ist stets einer der folgenden Aufgaben zu lösen:

1. Nach einem bekannten mathematischen Gesetz verteilte Zufallsgrößen experimentell zu untersuchen und deren Wahrscheinlichkeit zu ermitteln.

2. Aus den Ergebnissen von Beobachtungen der Häufigkeitsverteilung die funktionellen Verteilungsparameter zu bestimmen.

3. Wahrscheinlichkeitstheoretische Verteilungsgesetze aus den Beobachtungsanalysen abzuleiten.

4. Den Einfluss von Versuchsbedingungen auf ein ausgewähltes Verteilungsgesetz zu bestimmen.

Für offene Bediensysteme gelten i. d. R. die Annahmen nach Kapitel 1.4.

4.4 Wahrscheinlichkeitstheoretische Festlegungen

4.4.1 Bediensystemeigenschaften

Das betreffende Bediensystem der Instandhaltung unterliegt einem stationären Zustand, das vom Anlaufzustand des Bediensystems unabhängig ist und sich durch eine zeitliche Unabhängigkeit der systemeigenen Merkmalsträger auszeichnet. Seiner allgemeinen Wesensbestimmung nach ist es ein offenes Bediensystem: M|M| ∞ |s, mit einem Forderungenstrom auf Instandhaltung, deren Ankünfte nach Poisson verteilt (vgl. [14]) sind, und der Bedienzeit exponentiell verteilt ist.

Die Bedienkanäle besitzen die Merkmale, die den Anforderungen an die Bedienkanäle entsprechen. Da für offene Bediensysteme für die Anzahl der im Bediensystem befindlichen Forderungen: $p \to \infty$, gilt, wird häufig die Angabe über die Anzahl p der im Bediensystem befindlichen Forderungen zur weiteren Vereinfachung der Schreibweise weggelassen. Die Kennung: ist dann M|M|s.

Die Betriebswirtschaft betrachtet vorrangig das stationäre Verhalten eines Bediensystems, weil es die Grundlage bei der Bestimmung langfristiger Systementscheidungen bildet. Das dynamische Verhalten des Bediensystems vor Erreichen seines stationären Zustands spielt besonders in den operativen Entscheidungslagen eine Rolle, zum Beispiel bei der operativen Steuerung der Bedienprozesse zur Bewältigung des Einlaufverhaltens des Bediensystems.

4.4.2 Anforderungen an den Forderungenstrom

Der Forderungenstrom der in ein offenes Bediensystem einlaufenden Forderungen auf Instandhaltung ist mit der diskreten Ankunftsrate λ nach Poisson (vgl. [14]) verteilt:

$$P(X = k) = \frac{\lambda^k}{k!} \cdot e^{-\lambda} \quad \text{und} \quad \sum_{k=0}^{\infty} P(X = k) = 1. \qquad [14]$$

Sie ist eine binomiale Grenzverteilung mit den Parametern p und n, bei der die Anzahl n der Versuche unbegrenzt wächst, aber die Erwartungswerte $p \cdot n$ gegen einen konstanten Wert λ streben. Die Wahrscheinlichkeit p des Eintretens des alternativen Merkmals muss gering, die Anzahl der untersuchten Einheiten n dagegen sehr groß sein (vgl. Bild 7).

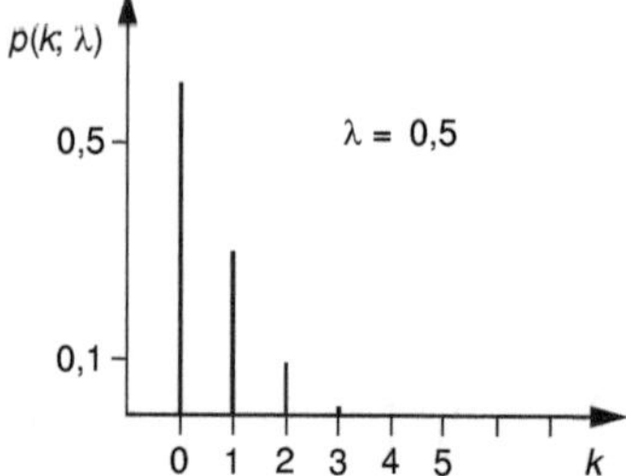

Bild 7: Einzelwahrscheinlichkeiten einer Poisson-Verteilung

Eine diskret verteilte Zufallsgröße X mit Elementen k = 0, 1, 2, ..., heißt poissonverteilt mit einem Parameter $\lambda > 0$, wenn sie eine durch steigende Fakultäten und Exponenten ausgeprägte Verteilung besitzt (vgl. Tab. 4):

Tab. 4: Wahrscheinlichkeiten der Poisson-Verteilung

x_k	0	1	2	...	k	...
$p_k = P(X = x_k)$	$\dfrac{\lambda^0}{0!} \cdot e^{-\lambda}$	$\dfrac{\lambda^1}{1!} \cdot e^{-\lambda}$	$\dfrac{\lambda^2}{2!} \cdot e^{-\lambda}$	...	$\dfrac{\lambda^k}{k!} \cdot e^{-\lambda}$	...

Dabei ist:

$$EX = \mathrm{var}(X) = \lambda.$$

Die Einzelwahrscheinlichkeiten lassen sich mit der Rekursionsformel

$$p_{k+1} = \frac{\lambda}{k+1} \cdot p_k \quad \text{mit} \quad p_0 = e^{-\lambda} \quad \text{für} \quad k = 0, 1, ... \qquad [15]$$

ermitteln.

Diese Verhaltensweise nach der Poisson-Verteilung lässt sich wie folgt erklären[29]:

– Der Ankunftsprozess von Forderungen auf Instandhaltung ist

• entweder stationär oder zeitunabhängig,

• ordinär und schließt daher eine „gebündelte" Ankunft von Forderungen auf Instandhaltung aus,

• ohne Nachwirkung. Demzufolge ist der künftige Prozess des Eintreffens der Forderungen auf Instandhaltung unabhängig davon, welche Realisierung dieser Prozess bisher erfahren hat.

---

[29] Vgl. Gnedenko. S. 37.

– Die Ankunftshäufigkeiten von Forderungen auf Instandhaltung während einer Arbeitsperiode hängen nur von deren Länge, nicht von seiner Lage ab.

– Zwischen den Ankünften von zwei Forderungen auf Instandhaltung verstreicht immer eine Bedienzeit t, $t > 0$, die sehr klein sein kann.

Die Anforderungen an den Forderungenstrom werden vermutlich bei Anwendungen im Instandhaltungswesen erfüllt. Das bedeutet, dass

– entweder die Anzahl der in einer Arbeitsperiode eintreffenden Forderungen auf Instandhaltung nach Poisson verteilt (vgl. [14]) ist und das Mittel λ aufweist,

– oder die Zeit zwischen zwei aufeinanderfolgenden Ankünften von Forderungen auf Instandhaltung (Zwischenankunftszeit [EVU]) einer Exponentialverteilung[30] $F(x)$ mit dem Mittel μ und der Standardabweichung σ^2 gehorcht (vgl. Bild 8):

$$F(x) = \int_{-\infty}^{x} f(t)\,\mathrm{d}t = \begin{cases} 0 & \text{für } x < 0, \\ 1 - e^{-\lambda \cdot x} & \text{für } x \geq 0, \end{cases} \quad \mu = \frac{1}{\lambda}, \quad \sigma^2 = \frac{1}{\lambda^2}. \qquad [16]$$

Die Ankunftsrate λ ist konstant. Diese Eigenschaft der Exponentialverteilung entspricht einer Art von Gedächtnislosigkeit.

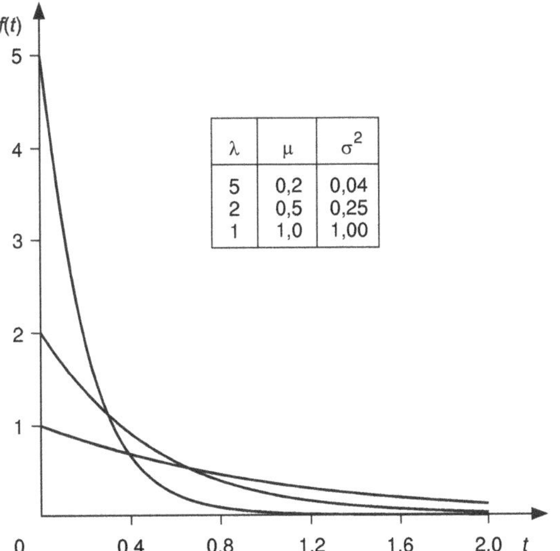

Bild 8: Dichtekurven der Exponentialverteilung für verschiedene Ankunftsraten λ

Diese Annahmen ermöglichen, den praktischen Nachweis über die Einhaltung der Anforderungen an den Forderungenstrom wie folgt zu führen: Erhebung einer Stichprobe über die

1. Anzahl der eintreffenden Forderungen auf Instandhaltung in der Arbeitsperiode. Ergibt der Test, dass die gefundene empirische Verteilung nach Poisson verteilt (vgl. [14]) ist, dann sind die Anforderungen an den Forderungenstrom erfüllt. Das ist höchstwahrscheinlich der Fall, wenn Mittel und Varianz der gefundenen empirischen Verteilung weitgehend übereinstimmen. Denn für eine nach Poisson (vgl. [14]) verteilte Zufallsgröße X gilt:

$$E(X) = \sigma^2(X). \tag{17}$$

Chi-Quadrat-Test auf nach Poisson verteilte Forderungen

Durch Summation der Quadrate von n unabhängigen standardisiert normal verteilten Zufallsgrößen[31]: $X_i = \Sigma X_i^2$ ergibt sich die χ^2-Verteilung[32] mit den Werten x_1, x_2, ..., x_k der Zufallsgrößen X_1, X_2, ..., X_k der Klassen 1, 2, ..., k, mit der Klassenanzahl k:

$$\chi^2 = \frac{1}{\sigma^2} \cdot \sum_{i=1}^{k} (x_i - \mu)^2.$$

Eine Zufallsgröße X heißt χ^2-verteilt mit Freiheitsgraden[33]: $f = k - m$ *(Anzahl m der zu schätzenden Parameter)*, falls sie die folgende Dichtefunktion (vgl. Bild 1) besitzt. Die obere Integralgrenze der Dichtefunktion liefert unter Vorgabe der Wahrscheinlichkeit: $q = 1 - \alpha$, (α ... Irrtumswahrscheinlichkeit) die Testgröße[34] χ^2_q (vgl. Bild 9):

$$f(x) = \begin{cases} \dfrac{x^{\frac{f}{2}-1} \cdot e^{-\frac{x}{2}}}{2^{\frac{f}{2}} \cdot \Gamma\left(\frac{f}{2}\right)}, & \text{falls} \quad x > 0 \\ 0, & \text{falls} \quad x \leq 0 \end{cases}$$

$$\chi^2_q \equiv \left[q = \frac{1}{2^{\frac{f}{2}} \cdot \Gamma\left(\frac{f}{2}\right)} \cdot \int_0^{\chi^2_q} x^{\frac{f}{2}-1} \cdot e^{-\frac{x}{2}} \cdot dx \right], \quad N = \sum_{i=1}^{k} h_i, \quad \mu = \frac{\sum_{i=1}^{k} i \cdot h_i}{N}, \quad \sigma^2 = \frac{\sum_{i=1}^{k} (i - \mu)^2 \cdot h_i}{N-1}$$

$$\mu \approx \sigma^2 \; \rightarrow \; \text{Poisson?} \quad \lambda = \mu, \quad \text{wenn} \quad \chi^2_M < \chi^2_q, \quad p_i = \left[\frac{N}{e^{\lambda}} \cdot \frac{\lambda^i}{i!} \right], \quad \chi^2_M = \sum_{i=1}^{k} \frac{(h-p)_i^2}{p_i}$$

---

[30] Die Exponentialverteilung (vgl. [16]) wird auch zur Beschreibung der Lebensdauer von Tegas benutzt.

[31] Vgl. Oppitz, V.: Gabler Lexikon Wirtschaftlichkeitsrechnung. S. 86 ff.

[32] Untersuchungsergebnis des Astronomen F. R. Helmert (1843-1917) nach der Fehlertheorie von Gauß über die Quadratsummen von Größen, die normalverteilt sind.

[33] Die Kurve ist ab $f \geq 3$ für kleine Freiheitsgrade deutlich rechtsschief bzw. linkssteil, nähert sich mit deren Zuwachs der Normalverteilung an und kann dann durch diese ersetzt werden.

[34] Die Testfunktion χ^2 enthält die Gammaverteilung (Γ-Verteilung).

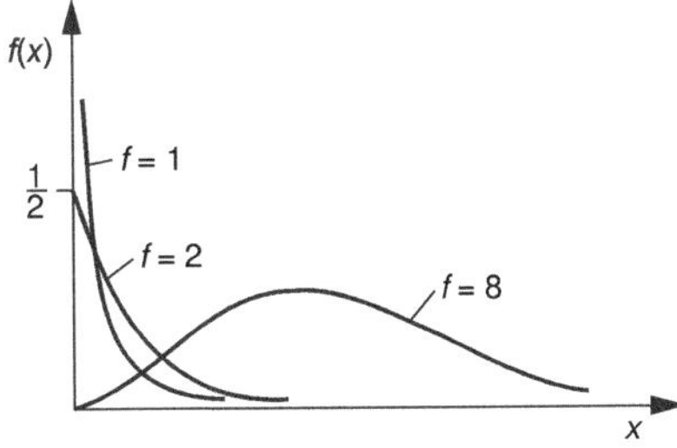

Bild 9: Dichtefunktionen der χ^2-Verteilung für verschiedene Freiheitsgrade f

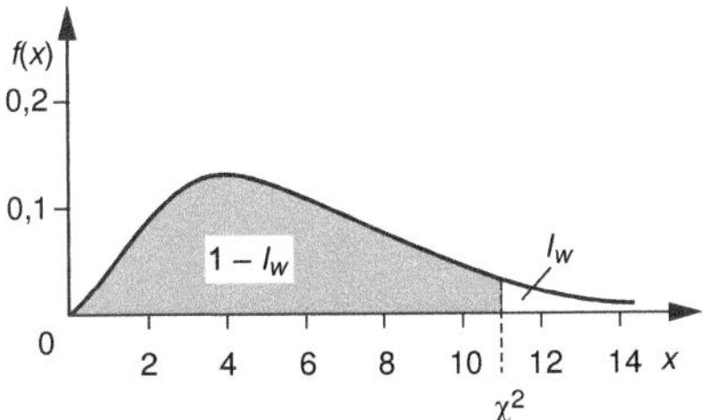

Bild 10: Obere Integralgrenze (Quantil) χ^2 für Freiheitsgrade: f = 5, und Eintrittswahrscheinlichkeit: q = 0,95

In mehreren Verwaltungsgebäuden eines Konzerns wurden die ankommenden Forderungen auf Störungsbehebung verstopfter Damentoiletten während einer Zeitspanne von vierundzwanzig Tagen ermittelt und als Zufallsstichprobe ausgewertet. In dreitägigen Zeitintervallen ergab sich für die Anzahl X der ankommenden Forderungen eine beobachtete Zufallsverteilung (vgl. Tab. 1).

Tab. 5: Meldungen auf verstopfte Damentoiletten

i	h [St.]	i	h [St.]
1	7	5	13
2	17	6	10
3	16	7	6
4	10	8	5

Die gefundenen absoluten Häufigkeiten h sind Zufallszahlen, die für die Bestimmung der Verteilungsparameter $E(X)$ und $\sigma^2(X)$ der Ankunftshäufigkeit X der Forderungen herangezogen werden sollen. Es ist zu testen, ob diese Zufallszahlen eine wesentliche Übereinstimmung mit dem Parameter $E(X) = \lambda$ einer Poisson-Verteilung aufweisen. Mit der Anwendung des Chi-Quadrat-Tests und einer statistischen Sicherheit von fünfundneunzig Prozent ist der Nachweis zu führen.

| Irrtumswahrscheinlichkeit | α | = | 5,00 | % |
| Anzahl der Schätzparameter | m | = | 3 | |

Rohrverstopfungen in der Hauptleistungszeit	N	=	84	St.
Quantil der χ^2-Verteilung	χ^2_q	=	11,06508	
Testgröße der Poissonverteilung	χ^2_M	=	5,68782	
Anzahl der Freiheitsgrade	f	=	5	
Anzahl der Zufallsstichprobenklassen	k	=	8	
Ankunftsrate	λ	=	4,00	
Arithmetisches Verteilungsmittel	μ	=	4,00	
Eintrittswahrscheinlichkeit	q	=	95,00	%
Varianz der Häufigkeitsverteilung	σ^2	=	4,02410	

Die wesentliche Übereinstimmung des arithmetischen Mittels und der Varianz der beobachteten Verteilung mit einer Poissonverteilung bestätigt der χ^2-Tests mit einem Prüfwert, der für eine statistische Sicherheit von fünfundneunzig Prozent bedeutend niedriger als die Testgröße ist. Das liefert einen gesicherten Nachweis, dass der als Zufallsstichprobe ausgewertete Ankunftsprozess einen nach Poisson verteilten Forderungenstrom (vgl. Tab. 2) mit einer Ankunftsrate von λ = 4 Forderungen während einer Zeitspanne von drei Tagen bildet.

Tab. 6: Häufigkeits- und nach Poisson verteilte Forderungen

i	h [St.]	p [St.]	i	h [St.]	p [St.]
1	7	7	5	13	14
2	17	13	6	10	9
3	16	17	7	6	6
4	10	17	8	5	3

2. Zwischenankunftszeit T_Z der eintreffenden Forderungen auf Instandhaltung in der Arbeitsperiode. Es wird getestet, ob die empirische Häufigkeitsverteilung der Zwischenankunftszeit T_Z einer Exponentialverteilung (vgl. [16]) nahekommt. Das ist dann mit hoher Sicherheit anzunehmen, wenn Mittel und Standardabweichung der Verteilungen in etwa übereinstimmen; denn für eine exponentiell verteilte Zufallsgröße T gilt:

$$E(T) = \sigma(T). \qquad [18]$$

Chi-Quadrat-Test auf exponential verteilte Zwischenankunftszeiten

Die Anforderungen an die theoretische Verteilung der eintreffenden Forderungen werden auch dann erfüllt, wenn die Zeit, d. h. die Zwischenankunftszeit zwischen den aufeinanderfolgenden Ankünften von Forderungen auf Instandhaltung einer Exponentialverteilung[35] $F(x)$ mit dem arithmetischem Mittel μ und der Standardabweichung σ^2 gehorcht:

$$F(x) = \int_{-\infty}^{x} f(t)\,dt = \begin{cases} 0 & \text{für } x < 0, \\ 1 - e^{-\lambda \cdot x} & \text{für } x \geq 0, \end{cases} \quad \mu = \frac{1}{\lambda}, \quad \sigma^2 = \frac{1}{\lambda^2}.$$

Diese Annahme ermöglicht den praktischen Nachweis über die Einhaltung der Anforderungen an die theoretische Verteilung der eintreffenden Forderungen durch die Erhebung einer Zufallsstichprobe über die Zwischenankunftszeit z_Z der tatsächlich ankommenden Forderungen auf Instandhaltung in der Hauptleistungszeit T. Es wird getestet, ob die empirische Häufigkeitsverteilung der Zwischenankunftszeit z_i durch eine Exponentialverteilung ersetzbar ist (vgl. Bild 11).

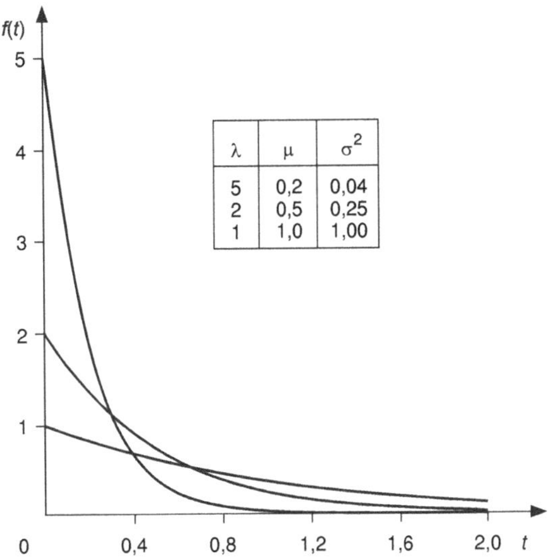

Bild 11: Dichtekurven der Exponentialverteilung für verschiedene Ankunftsraten λ

Das ist dann anzunehmen, wenn Mittel und Standardabweichung der Verteilungen in etwa übereinstimmen, weil für eine exponentiell verteilte Zufallsgröße X gilt:

$$E(X) = \sigma(X) \quad \text{bzw.} \quad \mu \approx \sigma.$$

Für die Stichprobe der Zwischenankunftszeit ist das arithmetische Mittel mit Häufigkeitsverteilung μ und die Standardabweichung σ zu ermitteln und zu prüfen, ob die o. g. Vorausset-

---

[35] Die Exponentialverteilung (vgl. [16]) wird auch zur Beschreibung der Lebensdauer von Tegas benutzt.

zung erfüllt wird. In das erweiterte Mittel μ und seine Standardabweichung σ gehen die relativen Häufigkeiten $h(z_i)$ der beobachteten Zwischenankunftszeiten z_i ($i = 1, 2, ..., k$) nach Zeitklassen i vom Umfang k ein. Die Summe N der absoluten Häufigkeiten z_i ist die Bezugsgröße der relativen Häufigkeiten.

$$N = \sum_{i=1}^{k} z_i, \quad h_i = \frac{z_i}{N}, \quad \sum_{i=1}^{k} h_i = 1, \quad \mu = \sum_{i=1}^{k} h_i \cdot i, \quad \sigma = \sqrt{\sum_{i=1}^{k} h_i \cdot (i - \mu)^2},$$

$$\mu \approx \sigma? \quad \text{wenn} \quad \chi_M^2 < \chi_q^2, \quad p_i = i \cdot \lambda^{-\lambda \cdot i}, \quad \chi_M^2 = \sum_{i=1}^{k} \frac{(h-p)_i^2}{p_i}, \quad \chi_q^2 \equiv \left[q = \frac{1}{2^{\frac{f}{2}} \cdot \Gamma\left(\frac{f}{2}\right)} \cdot \int_0^{\chi_q^2} x^{\frac{f}{2}-1} \cdot e^{-\frac{x}{2}} \cdot dx \right]$$

Für ein Bediensystem des Instandhaltungswesens werden die in Zeitklassen i eingeteilten Ankunftsabstände der in der Auftragslenkung und -kontrolle ankommenden Instandsetzungsforderungen z_i gemessen. Diese Zufallsstichprobe für den Zwischenankunftsabstand (vgl. Tab. 3) mit der Anzahl N von Instandhaltungen soll daraufhin geprüft werden, ob die Zwischenankunftsabstände eine gewisse Identität zwischen arithmetischem Mittel und Standardabweichung aufweisen, so dass vermutet werden kann, dass sie weitgehend einer Exponentialverteilung entsprechen.

Tab. 7 Ankunftsklassen i und Belegschaftsanzahlen von Tochterunternehmen

i [h]	h [%/d]	z [St./d]	i [h]	h [%/d]	z [St./d]
1	66,67	140	6	1,90	4
2	13,81	29	7	1,90	4
3	6,19	13	8	1,43	3
4	3,33	7	9	1,43	3
5	1,90	4	10	1,43	3

Irrtumswahrscheinlichkeit	α =	5,00	%
Anzahl der Schätzparameter	m =	2	
Forderungen in der Hauptleistungszeit	N =	210	St.
Quantil der χ^2-Verteilung	χ^2_q =	15,61	
Testgröße der Exponentialverteilung	χ^2_M =	2,53	
Anzahl der Freiheitsgrade	f =	8	
Anzahl der Zufallsstichprobenklassen	k =	10	
Ankunftsrate	λ =	0,50254	
Arithmetisches Verteilungsmittel	μ =	1,98990	
Eintrittswahrscheinlichkeit	q =	95,00	%
Standardabweichung	σ =	1,98555	

Die Berechnung liefert ferner für die Verteilungsparameter $E(X)$ und $\sigma(X)$ die Zufallszahlen: μ = 1,98990 [d], und σ = 1,98555 [d]. Da diese Zufallszahlen eine sehr gute Übereinstimmung zeigen, wird vermutet, dass der Zwischenankunftsabstand T_Z einer Exponentialverteilung nahe kommt. Der Chi-Quadrat-Test bestätigt bei einer statistischen Sicherheit von fünfundneunzig Prozent die Annahme einer Exponentialverteilung mit dem Quantil der χ^2-Verteilung: χ^2_q = 15.61, dem ein empirisches Quantil der Stichprobenverteilung von χ^2_M = 2,53 gegenübersteht. Damit ist erwiesen, dass der untersuchte Zwischenankunftsprozess einen nach Poisson verteilten Forderungenstrom von Instandsetzungen je Tag mit der Ankunftsrate: λ = 0.50254 [d], verkörpert.

Verlustwahrscheinlichkeit bei fester Kanalanzahl R06

„Beim offenen analytischen *Verlustsystem mit stochastischem Verhalten* ist der Strom der Forderung ordinär, ungebündelt, zeitsequentiell, nicht nachwirkend; er trifft mit einer nach Poisson verteilten Ankunftsrate in einem stationären Verlustsystem auf parallel angeordnete, einander gleichwertige und absolut sicher funktionierende Bedienkanäle, die eine exponentialverteilte Bedienzeit besitzen. Das Verlustsystem funktioniert unabhängig von seinem Anfangszustand mit zeitlich autarken Parameterwerten und weist alle Forderungen unwiederbringlich ab, die auf besetzte Bedienkanäle treffen. Berechnet wird die *Wahrscheinlichkeit eines Verlustes* bei bekannter Anzahl von Bedienkanälen und einer Aufenthaltswahrscheinlichkeit für k Forderungen im Verlustsystem, d. h., dass alle Bedienkanäle besetzt sind und eine weitere Forderung abgewiesen wird."[36]

$$\rho = \frac{\lambda}{\mu}, \quad S = \sum_{r=0}^{s} \frac{\rho^r}{r!}, \quad p_k = \frac{\rho^k}{k! \cdot S}$$

$$p_V = \frac{\rho^s}{s! \cdot S}, \quad \eta_b = \frac{\rho}{s} \cdot (1 - p_V)$$

Die Instandsetzung von Versorgungs- und Entsorgungsleitungen eines Industrieparks obliegt zwei ausgewählten Fachleuten, die besondere Fachkenntnisse besitzen und mit Spezialtechnik ausgestattet sind. Die Forderungen entstehen meist an stark frequentierten Gebieten, beispielsweise unterhalb von Gebäuden, Kreuzungen und Straßen. Sie haben eine Ankunftsrate, wobei unerfüllte Forderungen unbedingt verloren gehen und durch Fremdbetriebe zu übernehmen sind. Die Bedienrate ist erheblich kleiner als die Ankunftsrate. Das Verlust-

---

[36] Vgl.: Oppitz, V.: Lexikon Wirtschaftlichkeitsrechnung. (1995), S. 544 ff.

system der betrachteten Art ist mit seinen Einflussgrößen zu berechnen und die Zustandswahrscheinlichkeiten sind darzustellen (vgl. Tab. 4).

Ankunftsrate der Forderungen	λ	=	2,50	St./d
Bedienrate eines Kanals	μ	=	0,80	St./d
Anzahl aller Bedienkanäle	s	=	2	St.
Anzahl aller Forderungen im Verlustsystem	S	=	9	St.
Auslastungsgrad	η_b	=	71,55	%
Verlustwahrscheinlichkeit	p_V	=	54,21	%
Verkehrsrate des Bediensystems	ρ	=	3,12	

Tab. 8: Wahrscheinlichkeit p_k des Aufenthalts von k Forderungen

k	p_k [%]
0	11,10
1	34,69
2	54,21

Das Instandhaltungssystem ist bedienungstheoretisch mit einer Wahrscheinlichkeit von p_o = 11,10 % leer, mit einer Wahrscheinlichkeit von $p_V = p_2 = 54,21$ % wird eine Forderung für das eigene Instandhaltungssystem an einen Fremdbetrieb verloren gehen. Der Auslastungsgrad beträgt $\eta_b = 71,55$ %.

4.4.3 Organisches Wachstum des Forderungenstroms

Für geschlossene Wartesysteme der Instandhaltung wird vorausgesetzt, dass die Forderungen auf Instandhaltung in Abhängigkeit von der Lebensdauer der Tega organisch wachsen; folglich entspricht dann die Entstehungszeit einer Forderung auf Instandhaltung einer Exponentialverteilung (vgl. [16]). Dieses Verhalten konnte wiederholt beobachtet werden, besonders bei der Wartung von Tegas erwiesen sich die Entstehungsabstände der Bedienzeit als exponentiell verteilte Zufallsgröße über der Erlebenszeit der Tegas.

Das organische Wachstum der Forderungen auf Wartung in Abhängigkeit von der Lebensdauer der Tega kann auch dadurch erklärt werden, dass die von einem Strom ausgehenden Forderungen auf Wartung eine Verteilung nach Poisson (vgl. [14]) bilden, wobei die Zeit für Warten und Wartung vernachlässigt wird. Folglich sind auch die erörterten Methoden zur Nachweisführung der Anforderungen an den Forderungenstrom gültig. Der Nachweis lautet, dass es sich in konkreten geschlossenen Wartesystemen bewahrheitet, dass das vermutete organische Wachstum der Forderungen auf Instandhaltung von der Lebensdauer der Tega abhängig besteht ist.

4.4.4 Anforderungen an die Bedienzeiten

Ebenso wie mit dem Nachweis des organischen Wachstums verhält es sich mit der Bedienzeit für eine Forderung auf Instandhaltung, dass diese exponential verteilt ist (vgl. [16]).

Diese Annahme ist gleichbedeutend damit, dass die auf einen Bedienkanal zukommenden Forderungen auf Instandhaltung eine Verteilung nach Poisson (vgl. [14]) bilden. Folglich bedeuten die Anforderungen an die Bedienzeiten, dass der Prozess der Instandhaltung stationär, ordinär und ohne Nachwirkung ist. Die Bedienzeit ist endlich groß und die Kapazität der Bedienkanäle stets verfügbar. Der Nachweis der Gültigkeit der Anforderungen an die Bedienzeiten gibt die Beziehung [17] in Bezug auf X und [18] in Bezug auf T_Z. Sind die getroffenen Annahmen und Festlegungen in einem Bediensystem erfüllt, dann können die betreffenden Ankunfts- bzw. Instandhaltungsprozesse mit der Kennung: M bezeichnet werden. Das bedeutet, dass die Markow-Eigenschaft der erörterten Zeitverteilung nach Poisson (vgl. [14]) entspricht.

4.4.5 Anforderungen an die Bedienkanäle

Die Bedienkanäle eines Bediensystems sind

– nebeneinander angeordnet[37]; sie können ein- oder mehrkanalig sein. Bediensysteme mit hintereinander geschalteten Bedienkanälen werden nicht erörtert[38];

– gleichwertig austauschbar; sie sind voneinander nicht zu unterscheiden und besitzen die gleiche Bedienrate;

– vollständig zuverlässig. Die absolute Zuverlässigkeit der Bedienkanäle kann betriebswirtschaftlich durch geeignete Maßnahmen wie Reservenhaltung und Kapazitätspuffer erreicht werden.

Bei betriebswirtschaftlicher Erfüllung dieser Anforderungen an die Bedienkanäle kann die Gesamteinheit der Bedienkanäle eines Bediensystems ausschließlich durch die kapazitive Auslegung des Bediensystems, die Anzahl der Bedienkanäle s erklärt werden.

---

[37] Die Bediensysteme des Instandhaltungswesens mit nebeneinander angeordneten Bedienkanälen sind besonders aus Sicht der Kostenbehandlung von vorrangigem betriebswirtschaftlichen wirtschaftlicher Bedeutung.

[38] Die Behandlung hintereinander geschalteter Bediensysteme des Instandhaltungswesens kann als Kumulation mehrerer paralleler Bedienkanäle vorgenommen werden.

4.5 Bedienmodelle für offene Verlustsysteme

Unter Berücksichtigung der bisher angeführten Annahmen und Festlegungen über die Anforderungen an den Forderungenstrom und an die Bedienkanäle lässt sich bereits das stationäre Verhalten eines reinen Verlustsystems M|G|s beschreiben. Das mathematisch-statistisches Modell für ein offenes Verlustsystem wird unter der Bedingung begründet, dass jede im Besetztzustand der Bedienkanäle eintreffende Forderung auf Instandhaltung verlorengeht[39].

Die Wahrscheinlichkeit p_k, dass sich im Verlustsystem k Forderungen auf Instandhaltung befinden, lautet unter Einbeziehung der Bedienrate (vgl. [01]):

$$p_k = \frac{\rho^k}{k! \cdot \sum_{r=0}^{s} \frac{\rho^r}{r!}}, \quad k = 0, 1, \ldots, s. \tag{19}$$

Mit der gleichen Verlustwahrscheinlichkeit P_V, mit der eine Forderung auf Instandhaltung nicht abgefertigt wird, ergibt sich die Wahrscheinlichkeit p_s dafür, dass die Anzahl aller Bedienkanäle s besetzt ist:

$$P_V = \frac{\rho^s}{s! \cdot \sum_{r=0}^{s} \frac{\rho^r}{r!}} = p_s. \tag{20}$$

Im Unterschied zum Auslastungsgrad des offenen Wartesystems ist beim den Auslastungsgrad η_b des offenen Verlustsystems die Verlustwahrscheinlichkeit P_V zu berücksichtigen:

$$\eta_b = \frac{\rho}{s} \cdot (1 - P_V). \tag{21}$$

Verlustwahrscheinlichkeiten

Die *Wahrscheinlichkeit eines Verlustes* an ankommenden Forderungen auf Bedienung ist von der Anzahl s an Bedienkanälen abhängig, die gemäß statistischer Analyse einen nach Poisson verteilten Strom an Forderungen mit bekannter Ankunftsrate bei einer vorgegebenen Verkehrsrate abfertigen sollen. Für die Festlegung der Anzahl der zu installierenden Bedienkanäle ist die Kenntnis der hinnehmbaren Verlustwahrscheinlichkeiten erforderlich[40] (vgl. Bild 12).

---

[39] Beim allerersten mathematisch-statistischen Bedienmodell überhaupt galt ursprünglich die zusätzliche Bedingung, dass die Anforderungen an die Bedienzeiten eine Exponentialverteilung (vgl. [16]) genügen; diese Anforderung ist nicht notwendig, wie spätere Tests ergeben haben.

[40] Oppitz, V.: Lexikon Wirtschaftlichkeitsrechnung. Wiesbaden 1995, S. 546.

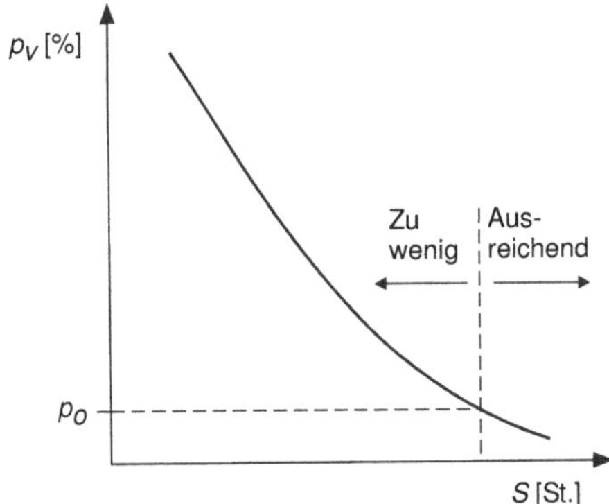

Bild 12: Obergrenze der Verlustwahrscheinlichkeit für die Anzahl der Bedienkanäle

$$p_k = \frac{\rho^k}{k! \cdot S}, \quad \mu = \frac{\lambda}{\rho}, \quad s = \underset{1 \le k \le s}{\mathrm{Max}}[p_k \le p_G], \quad p_V = \frac{\rho^s}{s! \cdot S}, \quad \eta_b = \frac{\rho}{s_L} \cdot (1 - p_V)$$

Für ein Wärmeversorgungsunternehmen wird ein Kraftwerk für erneuerbare Energien durch die Verbrennung von Holzabfällen unter Sauerstoffzufuhr geplant. Es soll in der Lage sein, gleichzeitig eine ausreichende Anzahl *s* an Kompressionsturbinen für das Schreddern der auf Lastwagen eintreffenden Mengen an Holzabfällen zur Verfügung zu stellen. Statistische Untersuchungen haben für die Anlieferung der Holzabfälle eine zu erwartende theoretische Poissonverteilung der eintreffenden Lastfahrzeuge mit einer bestimmten Ankunftsrate der Forderungen auf Abfertigung je Hauptleistungszeit ergeben. Ferner ist bekannt, dass die Dauer eines Kompressionsvorganges eine durchschnittlich gültige Verkehrsrate besitzt. Die Verlustwahrscheinlichkeit der im Kraftwerk für Holzabfälle eintreffenden Lastfahrzeuge soll einen Grenzwert nicht überschreiten. Sind alle Kompressionsturbinen mit der Abfertigung der Forderungen befasst, dann sind die Holzabfälle zu einem Zwischenlager zu transportieren und gehen der Sofortbedienung verloren. Für die Entwurfsingenieure erhebt sich die Frage, welche Mindestanzahl von Kompressionsturbinen notwendig ist, um diese Vorgabe zu erfül-len. Es sind so viele Bedienkanäle einzurichten, dass die vorgegebene Verlustwahrschein-lichkeit p_G eingehalten wird. Für neun Forderungen soll ermittelt werden: Mindestanzahl an Bedienkanälen, Bedienrate, Verlustwahrscheinlichkeit und Auslastungsgrad für die Min-destanzahl an Bedienkanälen.

Anzahl aller Forderungen	S =	9	St./d
Ankunftsrate der Forderungen	λ =	2,15	h
Verlustwahrscheinlichkeitsgrenze	p_G =	$\le$ 10,00	%

Verkehrsrate des Bediensystems	ρ	=	2,50	h
Bedienrate eines Kanals	μ	=	0,78182	d
Auslastungsgrad	η_b	=	42,77	%
Verlustwahrscheinlichkeit	p_G	=	6,67	%
Mindestanzahl an Bedienkanälen	s	=	6	St.

Dimensionierung von Verlustsystemen

Die Dimensionierung von Bediensystemen der Instandhaltung beruht auf der Grenzwahrscheinlichkeit von Verlusten an Forderungen. Bestandteil der Berechnung ist die Festlegung einer oberen Grenze der Verlustwahrscheinlichkeit. Die Anzahl s an Bedienkanälen und die dazugehörigen Parameterwerte sollen so ermittelt werden, dass die Anzahl S aller im Verlustsystem befindlichen Forderungen unterhalb der oberen Grenze der Verlustwahrscheinlichkeit liegt. Die Anzahl der besetzten Bedienkanäle mit dem Parameter λ ist angenähert nach Poisson verteilt. Treffen mehr Forderungen ein, als freie Bedienkanäle vorhanden sind, dann werden diese abgewiesen und gehen verlustig. Das bedeutet, dass für die Bedienung dieser abgewiesenen Forderungen externe Instandhaltungskapazitäten bereitgestellt werden müssen, möglichst auf vertraglicher Grundlage.

$$\rho = \frac{\lambda}{\mu}, \quad [s] \equiv \left[S = \sum_{r=0}^{s} \frac{\rho^r}{r!} \right], \quad r = 1, 2, \dots, s, \quad p_V = \frac{\rho^s}{s! \cdot S}, \quad \eta_b = \frac{\rho}{s} \cdot (1 - p_V)$$

Das Instandhaltungswesen eines Unternehmens installiert eine noch festzustellende Anzahl an Bedienkanälen für die Modulversorgung von Überwachungsanlagen mit hoher Sicherheitsstufe. Während des Tages trifft eine gewisse Anzahl an Forderungen mit einer bekannten mittleren Ankunftsrate ein. Die Abfertigung einer Forderung benötigt im Durchschnitt eine vorkalkulierte Bedienzeit. Wie viele Bedienkanäle sind zu installieren, damit die Anzahl der täglich eintreffenden Forderungen an Modulen höchstwahrscheinlich abgedeckt werden kann. Mit welcher Wahrscheinlichkeit findet eine Forderung keinen Bedienkanal, d. h., ist die Kapazität des Instandhaltungswesens ausgelastet?

Anzahl eintreffender Forderungen	S	=	24	St.
Ankunftsrate der Forderungen	λ	=	3,50	St./d
Bedienrate eines Kanals	μ	=	0,80	St./d
Auslastungsgrad	η_b	=	61,03	%
Verlustwahrscheinlichkeit	p_V	=	58,15	%

Verkehrsrate des Bediensystems ρ = 4,38

Anzahl Bedienkanäle im Verlustsystem s = 3 St.

Das Instandhaltungswesen benötigt drei Bedienkanäle. Während eines Tages treffen im Mittel neun Forderungen ein. Mit einer Verlustwahrscheinlichkeit von über achtundfünfzig Prozent findet eine Forderung keinen Bedienkanal, d. h., der Schadensbehebungsprozess ist gehemmt!

Das mathematisch-statistische Modell eines Verlustsystems mit Kennung: der M|G|s ist aus der betriebswirtschaftlichen Sicht daraufhin zu untersuchen, ob es so weiterentwickelt werden kann, dass es mit minimalen Kosten betrieben und folglich optimiert werden kann. Besonders für die Betriebswirtschaft ist die Kenntnis einer kostenminimalen kapazitiven Auslegung eines Verlustsystems, wie z. B. der IT-Wartung von Tegas von wirtschaftlicher Bedeutung.

4.6 Kostenbetrachtung

Der Auslastungsgrad η_b allein ist keine ausreichende betriebswirtschaftliche Kennzahl für die Kapazitätsausnutzung eines Wartesystems; denn für wesentlich verschiedene Bediensysteme können sich gleiche Auslastungsgrade errechnen. Diese Erkenntnis, die auch auf weitere Bediensystemparameter zutrifft, erfordert, eine komplexere Betrachtung vorzunehmen. Die Kostenfunktion eines Bediensystems ist dafür am besten geeignet. Sie entspricht auch der betriebswirtschaftlichen Zielstellung, sie zum Ausgangspunkt der Gestaltung des Instandhaltungswesens zu wählen.

Instandhaltungskosten entstehen bei der Planung, Durchführung und Abrechnung von Inspektion, Reparatur, Schwachstellenanalyse und Wartung von Tegas. Damit sind sie von einer Reihe von Parametern abhängig, besonders aber von der gewählten Instandhaltungstechnologie und dem anfallenden festen, alternierenden und laufenden Kosten, vor allem von den Bedienzeiten. Von den Kosten, die durch vorbeugende Instandhaltung von Tegas entstehen, müssen die durch Ausfälle von Tegas verursachten Kosten abgegrenzt werden. Sie sind Folge eines Ausfalls einer Tega, wie z. B. Verluste durch verminderte Anlagennutzung, entgangene Leistungserbringung in den Hauptprozessen, erhöhte Unfallgefahren, Gefährdung der Umwelt.

Instandhaltungskosten können auf unterschiedliche Weise abgegrenzt werden. Eine Möglichkeit besteht darin, nach den einzelnen Teilgebieten zu unterscheiden, also:

– Kosten durch Inspektion, Reparatur, Wartung und Schwachstellenanalyse.

- Kostenarten, untergliedert in:

- Bereitstellungs- und Nutzungskosten für Betriebsmittel und Werkzeuge,
- Energie- und Entsorgungskosten,
- Fremddienstleistungskosten für Personal und Material,
- Kapitalkosten, wie z. B. Zinsen,
- Materialkosten für Ersatzteile, Hilfs- und Betriebsstoffe,
- Personalkosten[41] (vgl. Tab. 5),
- sonstige Kosten, für Rechte, Lizenzen, Informationen usw.

Tab. 9: Aufschlüsselung von Personalkosten

Personal-	Art	Praxisbeispiele
Einstellung	primär	Bewerberspesen, Stellenanzeigen
	sekundär	Psychogramme, Einstellungsuntersuchung
Vorhaltung	primär	Gehälter, Urlaubsgelder
	sekundär	Leistungen des betrieblichen Gesundheitswesens
Einsatz	primär	Gefahrenzulagen, Löhne für Überstunden, Schichtarbeit
	sekundär	Beförderung zu den instand zu haltenden Anlagen
Freisetzung	primär	Abfindungszahlungen
	sekundär	Kosten für Leistungen der Personalabteilung

- Einzelkosten, die direkt auf Kostenstellen der Tega anfallen, können in primäre und sekundäre Kosten aufgeteilt werden. Primäre Kosten fallen direkt durch den Einsatz und den Verbrauch von Leistungsfaktoren in der Instandhaltung an, wie z. B. durch Löhne, Computernutzung. Sekundäre Kosten werden von Leistungsbereichen außerhalb des Instandhaltungswesens verursacht, wenn diese Hilfsleistungen für die Inspektion, Reparatur, Schwachstellenanalyse und Wartung von Tegas übernehmen, wie z. B. die Lagerhaltung von Ersatzteilen durch den Leistungsbereich Betriebslogistik.

- Gemeinkosten. Gemeinkosten hingegen können nur über Verrechnungssätze auf die verschiedenen Stellen umgelegt werden, da sie auch von anderen Stellen, wie z. B. Einkauf oder Verwaltung, verursacht wurden.

Die Kostenfunktion K eines Wartesystems enthält als abhängige Variable die mittleren Kosten des Instandhaltungssystems je Arbeitsperiode in Abhängigkeit von den

- unabhängigen Systemparametern:

- Wahrscheinlichkeit der mittlere Warteschlangenlänge $E(L_w)$ der Forderungen auf Instandhaltung,

---

[41] Vgl. Kalaitzis; D.: Instandhaltungscontrolling. (1990) S. 75.

- Anzahl s der Bedienkanäle,

- Bedienrat ρ für die Forderungen auf Instandhaltung.

– Kostenparametern [€/St.] in der Arbeitsperiode:

- Leerkosten k_l für eine leerstehende Bedienstelle,

- Bedienkosten k_b für die Forderung auf Instandhaltung einer Tega je Arbeitsperiode,

- Wartekosten k_w für eine wartende Forderung auf Instandhaltung pro Arbeitsperiode.

$$K = (s - \rho) \cdot k_l + \rho \cdot k_b + E(L_w) \cdot k_w \quad \text{mit} \quad k_b = k_p + \frac{k_a}{l} + \frac{k_k}{q}. \tag{[22]}$$

Unter Beachtung der Instandhaltungstechnologien ergeben sich für die Bedienkosten k_b auf Instandhaltung die folgenden Kostenelemente:

Für ein Bündel q (q...Anzahl) aller zu einer Instandhaltungseinheit gehörenden, sequentiell in Losen im Planzeitraum ankommenden gleichartigen Forderungen auf Instandhaltung treten konstante (fixe) Kosten K_k [€] auf. Kosten für die Anzahl der zu einer Instandhaltungsmaßnahme gebündelten Forderungen, einem Instandhaltungslos, heißen alternierende Kosten K_a [€]; sie treten u. a. auf bei der Blockinstandhaltung[42]. In Abhängigkeit von der Bedienzeit und einem Lohnkostenfaktor fallen proportionale Kosten K_p in €/St für die direkte Abfertigung jeder Einzelforderung auf Instandhaltung an.

---

[42] Die Einfachheit der Strategie der Blockinstandhaltung, komplette Anlagensysteme periodisch auszutauschen und bei Ausfällen eine komplette oder minimale Reparatur durchzuführen, führt dazu, dass bei einer planmäßigen vorbeugenden Erneuerung die Einheiten ebenfalls erneuert werden, die kurz zuvor in Folge einer vollständigen Reparatur durch neue Einheiten ersetzt wurden. Diese unnötigen Erneuerungen verursachen Kosten, die den Vorteil der Einfachheit der Strategie zunichte machen. Deswegen ist es angebracht, eine Einheit, die kurz vor einer planmäßigen vorbeugenden Erneuerung ausfällt, nicht zu reparieren und einen Stillstand hinzunehmen oder die Einheit mit verringerter Effizienz laufen zu lassen, wenn mehr als zwei Zustände möglich sind (vgl. [Cox66], Seite 128, [Wo70], Seite 88).

Offene Wartesysteme

4.6.1 Grundmodell

Das mathematisch-statistisches Modell für ein offenes Bediensystem hat zur Bedingung, dass jede auf einen Besetztzustand treffende Forderung auf Instandhaltung unbedingt auf die Abfertigung wartet, mit der Festlegung, dass die vorausgesetzten

1. Anforderungen an den Forderungenstrom,

2. Anforderungen an die Bedienzeiten,

3. Anforderungen an die Bedienkanäle

erfüllt sind. Zwischen den Parametern: Ankunftsrate λ, Bedienzeit μ und Anzahl der Bedienkanäle s muss im Unterschied zum Überlauf des Forderungenstroms (vgl. [3]) gewährleistet sein, dass in einer Arbeitsperiode die Bedienkapazität K größer ist als die Ankunftsrate λ:

$$K = s \cdot \mu > \lambda. \tag{23}$$

Diese Bedingung sichert, dass

– in der Arbeitsperiode im Mittel mehr Forderungen auf Instandhaltung abgefertigt werden können als Forderungen auf Instandhaltung eintreffen,

– die Anzahl der Bedienkanäle s mit der Ankunftsrate λ des Forderungenstroms auf Instandhaltung fertig werden.

Ist die Bedingung [23] nicht erfüllt, dann liegt ein kritisches Wartesystem vor. Es kann den Forderungenstrom auf Instandhaltung nicht bewältigen, d. h., die mittlere Wartedauer und mittlere Länge der Warteschlange kumulieren zu höheren Werten.

Das mathematisch-statistische Modell für ein offenes Wartesystem, das die

– Anforderungen an

• den Forderungenstrom,

• die Bedienzeiten,

• die Bedienkanäle,

– und die Bedingung [23]

erfüllt, ist ein Wartesystem in stationärem Zustand mit der Kennung: M|M|s.

Das Wartesystem weist die folgenden mathematisch-statistischen Zusammenhänge auf:

1. Wahrscheinlichkeit p_k unter Einbeziehung der Bedienrate ρ (vgl. [01]), dass sich im Wartesystem die Anzahl k an Forderungen auf Instandhaltung befindet:

$$p_o = \left(\sum_{r=0}^{s-1} \frac{\rho^r}{r!} + \frac{\rho^s}{(s-1)! \cdot (s-\rho)} \right)^{-1} , \quad p_{k+1} = \begin{cases} \dfrac{\rho \cdot p_k}{k+1}, & k = 0, 1, \ldots, s\text{-}1 \\ \dfrac{\rho}{s} \cdot p_k, & k = s, \, s+1, \ldots \end{cases} \qquad [24]$$

2. Wartewahrscheinlichkeit P_w, dass eine eintreffende Forderung auf Instandhaltung warten muss:

$$P_w = \frac{\rho^s \cdot p_0}{(s-1)! \cdot (s-\rho)} \qquad [25]$$

3. Auslastungsgrad η_b der Bedienkanäle:

$$\eta_b = \frac{\rho}{s} \qquad [26]$$

4. Mittlere Länge der Warteschlange für die mittlere Anzahl L_w der wartenden Forderungen auf Instandhaltung $E(L_w)$:

$$E(L_w) = \frac{\rho \cdot P_w}{s - \upsilon} \qquad [27]$$

5. Mittlere Wartedauer $E(T_w)$ einer Forderung auf Instandhaltung:

$$E(T_w) = \frac{P_w}{s \cdot \mu - \lambda} = \frac{E(L_w)}{\lambda} \qquad [28]$$

Parameter eines offenen Wartesystems

Die Existenz von Schwankungen bei Ankunft oder Abfertigung der Forderungen im Bediensystem verursacht bereits eine Warteschlange[43]. Ihre Einflussstärke kann verringert werden durch:

Vereinigung von Wartesystemen: Freie Bedienkanälen können dann besetzten Bedienkanälen, vor denen sich eine Warteschlange bildet, sofort helfen;

Kumulation mehrerer getrennt arbeitender Bedienkanäle, die sich untereinander helfen können; denn auch bei ihnen entstehen unabhängig voneinander Warteschlangen vor jedem Bedienkanal.

Für die Wahrscheinlichkeit p_k dafür, dass im Bediensystem genau k Forderungen teils abgefertigt werden oder, bei $k > s$, auch warten, gilt mit der Nullwahrscheinlichkeit und dem Verkehrsrate ρ die Rekursionsvorschrift:

---

[43] Oppitz, V.: Lexikon Wirtschaftlichkeitsrechnung. Wiesbaden 1995, S. 572 ff.

$$p_{k+1} = \begin{cases} \dfrac{\rho}{k+1} \cdot p_k, & k = 0, 1, \ldots, s-1 \\[2mm] \dfrac{\rho}{s} \cdot p_k, & k = s, s+1, \ldots \end{cases} \qquad \text{mit} \quad p_0 = \left[\sum_{i=0}^{s-1} \frac{\rho^i}{i!} + \frac{\rho^s}{(s-1)! \cdot (s-\rho)} \right]^{1}.$$

Die Wahrscheinlichkeit dafür, dass eine eintreffende Forderung warten muss, die Wartewahrscheinlichkeit P_W, gehorcht dem Ausdruck:

$$P_W = \frac{\rho^s \cdot p_0}{(s-1)! \cdot (s-\rho)}.$$

Die Erwartungswerte für eine mittlere Anzahl wartender Forderungen, für die Warteschlangenlänge Q und die mittlere Wartezeit W einer Forderung folgen daraus die nachfolgenden Beziehungen.

$$\rho = \frac{\lambda}{\mu} \quad \text{und} \quad \eta_b = \frac{\rho}{s}$$

$$p_k = \begin{cases} \dfrac{\rho^k}{k!} \cdot p_0 & \text{für} \quad 1 \le k \le s \\[2mm] \left(\dfrac{\rho}{s}\right)^{k-s} \cdot p_s & \text{für} \quad k > s \end{cases} \qquad \text{mit} \quad p_0 = \left[\sum_{i=0}^{s-1} \frac{\rho^i}{i!} + \frac{\rho^s}{(s-1)! \cdot (s-\rho)} \right]^{-1}$$

$$P_W = \frac{\rho^s \cdot p_0}{(s-1)! \cdot (s-\rho)} \quad \text{und} \quad Q = \frac{\rho \cdot P_W}{s-\rho} \quad \text{und} \quad W = \frac{P_W}{s \cdot \mu - \lambda}$$

Innerhalb eines Tages treffen etwa drei Forderungen für die Reparatur von verstopften bzw. bakteriell verschmutzten bzw. gebrochenen Rohrleitungssystemen im Instandhaltungswesen ein, das für diese Instandsetzungsart über drei Bedienkanäle verfügt. Je Bedienkanal wird eine Instandsetzung im Mittel je Tage zu Dreiviertel erledigt. Für die Beschreibung des Instandsetzungsprozesses sollen deren Parameter, wie z. B. Auslastungsgrad, Warteschlangenlänge, Wartezeit sowie die Zustands- und Besetztwahrscheinlichkeit ermittelt werden.

Ankunftsrate	λ	=	3,00	St./d
Bedienrate	μ	=	0,75	St./d
Anzahl der Bedienkanälen	s	=	5	St.
Warteschlangenlänge	Q	=	2,22	St.
Wartezeit	W	=	0,74	d
Auslastungsgrad	η_b	=	80,00	%
Nullwahrscheinlichkeit	p_0	=	1,30	%
Wartewahrscheinlichkeit	P_W	=	55,41	%
Verkehrsrate	ρ	=	4,00	

Tab. 13: Aufenthaltswahrscheinlichkeit p_k

k	p_k [%]	k	p_k [%]	k	p_k [%]	k	p_k [%]
0	1,30	4	13,85	8	5,67	12	2,32
1	5,19	5	11,08	9	4,54	13	1,86
2	10,39	6	8,87	10	3,63	14	1,49
3	13,85	7	7,09	11	2,91	15	1,19

Eine gleichzeitige Verdopplung der Ankunftsrate und der Anzahl der Bedienkanäle zeigt im Vergleich der erzielten Ergebnisse, dass bedienungstheoretisch konsequent beide System-varianten der Instandhaltung denselben Auslastungsgrad η_b = 80,00 % erzielen. Alle ande-ren Parameterwerte nehmen mit wachsender Anzahl der Bedienkanäle kleinere Werte an. Dieses Ergebnis erscheint zunächst ein wenig abwegig. Es erhält aber eine überzeugende Klarheit, wenn daran erinnert wird, dass eine Warteschlange allein durch Schwankungen sowohl bei der Ankunft als auch bei der Bedienung der Forderungen entsteht. Ein Teil dieser Schwankungen wird durch eine größere Anzahl von Bedienkanälen abgefangen:

Freie Bedienkanäle können Bedienkanälen, vor denen sich eine Warteschlange zu bilden anfängt, sofort durch Übernahme von wartenden Forderungen helfen.

Der Auslastungsgrad η_b allein kennzeichnet nur unvollkommen die Leistungskraft eines Be-diensystems. Die Führung des Instandhaltungswesens kann an dieser Analyse auch erken-nen, dass es bedienungstheoretisch zweckmäßig ist, mehrere getrennt arbeitende Bedien-kanäle bzw. Instandhaltungsabteilungen in einem Instandhaltungssystem zu vereinen. Der Grund liegt darin, dass sich bei getrennten Bedienkanälen unabhängig voneinander Warte-schlangen vor jedem einzelnen Bedienkanal herausbilden. Betrachtet die Führung des In-standhaltungswesens zwei getrennt arbeitende Wartesysteme mit der Ankunftsrate: λ = 3, der Bedienzeit: μ = 4 und der Anzahl an Bedienkanälen: s = 1, dann warten im Mittel in je-dem Bediensystem 2,25 Forderungen und damit insgesamt in beiden Wartesystemen 4,5 Forderungen durchschnittlich 45 Minuten. Ein Wartesystem mit der Anzahl von zwei Bedien-kanälen: s = 2, führt dazu, dass im Mittel nur 1,93 Forderungen durchschnittlich 19 Minuten warten. Diese Vergleichsrechnung offenbart für die optimale Austauschbarkeit der Bedien-kanäle eines Wartesystems und weist auf die Vorteilhaftigkeit von Wartesystemen mit mehr-kanaliger Dimension hin.

Die kostenminimale kapazitive Auslegung des Bediensystems wird durch Einsetzen der ge-fundenen Werte in die Kostenfunktion [22] und entsprechende Differentiation nach der An-zahl der Bedienkanäle s ermittelt.

Bei Kenntnis der Funktion des Kostenparameters k_b [22] und deren Einführung in die Kostenfunktion [22] ist es außerdem bei einer vorgegebenen Anzahl s an Bedienungskanälen möglich, die Losgröße l zu optimieren. Für die bestmögliche kapazitive Auslegung des Bediensystems ist diese Optimierung eigentlich, vordergründig betrachtet, nicht notwendig. Diese Optimierung ist jedoch eine weitere Maßnahme, um die Instandhaltung noch kostengünstiger zu gestalten.

Kostenoptimale Bedienkapazität

Bestimmung der optimalen Bedienstellenanzahl eines Wartesystems der Instandhaltung mit minimalem Instandhaltungskostensatz K (vgl. Bild 14), ausgehend von den Stundenkostensätzen für wartende Forderungen, wartende Bedienstellen und Bedienzeiten (vgl. Tab. 11).

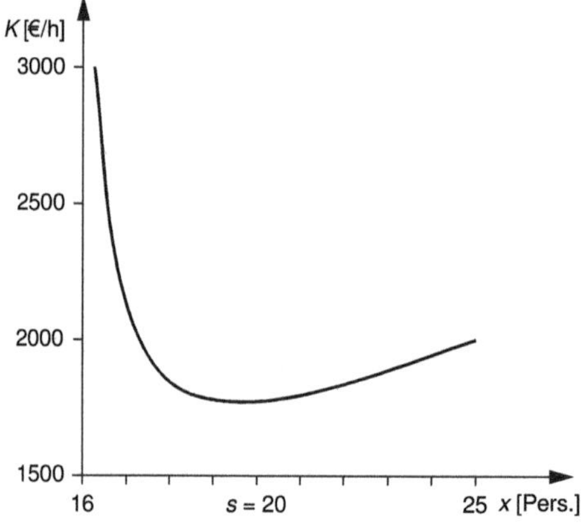

Bild 14: Bediensystemkosten über der Kapazität des Wartesystems s

Tab. 11: Kostenparameter von Wartesystemen

S	Kosten für	bezogen auf die
k_w	das Warten der Forderungen	entstehende Warteschlangenlänge Q
k_1	das Warten der Bedienstellen auf Forderungen	die Wartezeiten der Bediener
k_b	die Abfertigung der Forderungen	die Bedienzeiten

$$K(s) = \underset{s > \rho}{\mathrm{Min}}\left[(s - \rho) \cdot k_1 + \rho \cdot k_b + Q \cdot k_w\right] \quad \text{mit} \quad \begin{cases} \rho = \dfrac{\lambda}{\mu} \\[2mm] Q = \dfrac{\rho \cdot P_W}{s - \rho} \\[2mm] P_W = \dfrac{\rho^s \cdot p_0}{(s-1)! \cdot (s-\rho)} \\[2mm] p_0 = \left[\displaystyle\sum_{i=0}^{s-1} \dfrac{\rho^i}{i!} + \dfrac{\rho^s}{(s-1)! \cdot (s-\rho)}\right]^{-1} \\[2mm] W = \dfrac{Q}{\lambda} \end{cases}$$

Die Kapazitäten des Instandhaltungswesens der REKLOV GMBH betreuen die Sicherheitskomponenten aller Verwaltungsgebäude, unabhängig von den Mietparteien. Es soll festgestellt werden, ob die installierte Bedienstellenanzahl dem auftretenden Instandhaltungsbedarf entspricht und ob die Instandhaltungskapazitäten kostenoptimal ausgelegt sind. Das Auftrags- und Steuerungsbüro für Instandhaltungen soll nach der kapazitiven Optimierung in der Lage sein, die Instandhaltungsleistungen bestmöglich an den Instandhaltungsbedarf der Mieter anzupassen, Instandhaltungskosten bei möglichen Überkapazitäten einzusparen und die Instandhaltungsleistungen ziel- und kostenorientiert zu steuern. Einerseits lassen sich Erkenntnisse über das Zeitverhalten der Instandhaltungen generieren, ggf. über die Verkürzung der Abfertigungszeit, zum anderen soll eine Standardisierung der Instandhaltungsleistungen der REKLOV GMBH erreicht werden, da sie über viele solche Tegas in Verwaltungsgebäuden verfügt. Erprobte Standards führen zu einer höheren Kundenzufriedenheit, ermöglichen steigende Umsätze und senden Werbebotschaften aus, die als Wettbewerbsfaktor auf dem Angebotsmarkt wirken sollen.

Die Stundenkostensätze für die Aufrechterhaltung der Bedienkanäle verteilen sich im Rahmen der Kostenumlage auf die einzelnen Mitarbeiter. Gesucht werden u. a. die Warteschlangenlänge, die kostenminimale Anzahl der Bedienstellen und die Wartezeit; gegeben sind die Ankunftsrate der Forderungen und die Bedienrate. Die vielen bisher aufbereiteten Datenmengen zeigen, dass es sich beim Forderungenstrom um eine Poissonverteilung handelt mit zeitlichen Zwischenräumen der einzelnen Ankünfte, die in etwa konstant und exponential verteilt sind. Die durchschnittliche Bedienrate unterliegt ebenfalls einer Exponentialverteilung.

Ankunftsrate	λ	=	8,00	1/h
Bedienrate	μ	=	5,00	1/h
Stundenkostensatz des Wartens	k_w	=	150,00	€/h
Stundenkostensatz einer Leerstelle	k_1	=	20,00	€/h

Stundenkostensatz der Abfertigung	k_b	=	35,00	€/h
Instandhaltungskostensatz	K	=	118,29	€/h
Warteschlangenlänge	Q	=	0,31	St.
Wartezeit	W	=	2,35	h
Wartewahrscheinlichkeit	P_W	=	27,38	%
Verkehrswert	ρ	=	1,60	
Anzahl der Bedienstellen	s	=	3	St.

Die kostenminimale Kapazität mit: $s = 3$, Bedienkanälen bleibt auch dann annähernd gleich, wenn die angegebenen Werte der Parameter: Verkehrsrate, Stundenkostensatz des Wartens und Stundenkostensatz einer Leerstelle, schwanken. Demzufolge ist erst dann ein Bedienkanal stillzulegen oder eine zusätzliche Bedienstelle einzurichten, wenn sich die Ankunftsrate stark verändert.

Neben der kostenminimalen Kapazitätsauslegung des Instandhaltungswesens gibt es noch weitere Führungsprobleme, die sich auf Wartesysteme beziehen und aus betriebswirtschaftlicher Kostenverantwortung zu bewältigen sind. Aus Vorstandssicht kann es in Bezug auf ein bestehendes Wartesystems bei gegebenen Werten für die Anzahl s an Bedienkanälen und für die Bedienraten μ eine bedeutsame Fragestellung sein, für welche Ankunftsrate die Kostenfunktion mit ihren einzelnen Kostenparameter einen minimalen Wert annimmt. Die Antwort darauf liefert ein systematisches interaktives Berechnen. Schwieriger ist es, das Problem der Ermittlung einer kostenminimalen Bedienungsrate zu lösen. Denn da die einzelnen Kostenparameter: Stundenkostensatz einer Leerstelle k_1 und Stundenkostensatz des Wartens k_b selbst in einer mehr oder weniger unbekannten Struktur von der Bedienungsrate μ abhängen, weist die Kostenfunktion in Abhängigkeit von der Bedienrate μ eine komplexe mathematische Beziehung auf.

Wartekosten bei beliebiger Bedienzeit

Die Bedienzeit gehorcht einer beliebigen Verteilung mit dem Mittelwert: $1/\tau$. D. h., die Anforderung an ein organisches Wachsten des Forderungenstroms entfällt[44], gleichbedeutend damit, dass die Exponentialverteilung der Bedienzeit nicht vorliegen muss. Das Wartesystem gehorcht einer Poissonverteilung, besitzt Normalverhalten, eine feste Bedienstellenanzahl,

---

[44] Bei offenen Wartesystemen mit nur einer Bedienstelle: $s = 1$, kann die Beschränkung auf exponential verteilte Bedienzeiten aufgehoben werden. Das gewährleistet die Simplifikation des § 2 unter folgenden Voraussetzungen: § 1 ist erfüllt und es gilt: $\mu > \lambda$, dass die Näherungen zu exakten Beziehungen werden und die Näherungszeichen durch Gleichheitszeichen zu ersetzen sind.

und es erfüllt die Anforderungen an den Forderungenstrom sowie an die Bedienzeiten mit $C > \lambda$ und einem angepassten Kostenverhältnis.

Die Modellentwicklung beruht auf der Wartewahrscheinlichkeit:

$$P_W = \frac{\rho^s \cdot p_0}{(s-1)! \cdot (s-\rho)},$$

der Einführung des *Variationskoeffizienten der Bedienzeit v*, ausgedrückt durch

$$v = \mu \cdot \sigma$$

und der nachfolgenden Approximation für die Erwartungswerte der

Warteschlangenlänge, die für praktische Anwendungen hinreichend genaue Werte liefert:

$$Q \approx \frac{1+v^2}{2} \cdot \frac{\rho \cdot P_W}{s-\rho},$$

Wartezeit:

$$W \approx \frac{Q}{\lambda}.$$

Die Modifikation des Kostensatzes resultiert aus der Näherung für die Warteschlangenlänge.

$$K(s) \approx \underset{s>\rho}{\mathrm{Min}}\left[(s-\rho)\cdot k_1 + \rho \cdot k_b + Q \cdot k_w\right] \quad \text{mit} \quad \begin{cases} \rho = \dfrac{\lambda}{\mu} \quad \text{und} \quad v = \mu \cdot \sigma \\[2mm] Q \approx \dfrac{1+v^2}{2} \cdot \dfrac{\rho \cdot P_W}{s-\rho} \\[2mm] P_W = \dfrac{\rho^s \cdot p_0}{(s-1)! \cdot (s-\rho)} \\[2mm] p_0 = \left[\displaystyle\sum_{i=0}^{s-1} \dfrac{\rho^i}{i!} + \dfrac{\rho^s}{(s-1)! \cdot (s-\rho)}\right]^{-1} \\[2mm] W \approx \dfrac{Q}{\lambda} \end{cases}$$

Das Instandhaltungswesen der Verwaltungsgebäude eines Konzerns verfügt über operative Instandsetzungskanäle zur Schadensbehebung der zahlreichen energetisch-klimatischen Technischen Gebäudeausrüstungen. Die Bedienrate und Standardabweichung der Erledigungszeit der Aufträge sind bekannt. Die untersuchte Bedienzeit ergab jedoch keine Exponentialverteilung. Deswegen wird der Variationskoeffizienten in die Berechnung eingeführt. Eine Analyse der mittleren Ankünfte der Aufträge bestätigte die Annahme einer Poissonverteilung des Forderungenstroms mit einer definierten Ankunftsrate. Gesucht werden die kostenminimale Kapazität des Wartesystems, die Systemkostensätze für mehrere Bedienstellenanzahlen (vgl. Tab. 7), die Warteschlangenlänge, die Wartezeit, die Wartewahrschein-lichkeit und der Verkehrswert.

Stundenkostensatz der wartenden Bedienstelle k_1	=	20,00	€/h
Stundenkostensatz der Forderungsbedienung k_b	=	43,00	€/h
Stundenkostensatz der wartenden Forderung k_w	=	60,00	€/h
Ankunftsrate	λ =	1,90	1/h
Bedienrate	μ =	0,78	1/h
Standardabweichung der Bedienzeit	σ =	0,72	%
Systemkostensatz	K =	204,10	€/h
Warteschlangenlänge	Q =	0,11	St.
Wartezeit	W =	3,58	min
Wartewahrscheinlichkeit	P_W =	11,94	%
Verkehrswert	ρ =	2,44	
Anzahl der Bedienstellen	s =	5	St.
Variationskoeffizient	v =	0,56	

Tab. 12: Stundenkostensätze des Wartesystems

s	K [€/h]	s	K [€/h]
3	334,53	6	210,61
4	214,83	7	223,03
5	204,10	8	238,18

4.6.2 Mathematisch-statistische Modellvariante

Eine Notwendigkeit zur Veränderung des mathematisch-statistischen Grundmodells kann sich daraus ergeben, dass Rangfolgen für die Instandhaltung von Tegas festgelegt und zugelassen werden. In diesem Fall sind die Forderungen auf Instandhaltung nicht mehr sämtlich gleichwertig.

Im Allgemeinen werden dann nur absolute Rangfolgen betrachtet. Das bedeutet, dass eine bereits in Abfertigung befindliche Forderung auf Instandhaltung gar nicht erst beendet, sondern sogar unterbrochen wird, wenn eine Forderung auf Instandhaltung höherer Rangfolge eintrifft. Die unterbrochene Abfertigung der Forderung auf Instandhaltung dauert so lange, bis keine Forderungen auf Instandhaltung höherer Rangfolge im Bediensystem mehr auf Bedienung wartet. Die dargestellten Veränderungen des mathematisch-statistisches Modells mit den vorausgesetzten Anforderungen an den Forderungenstrom, die Bedienzeiten, die Bedienkanäle und der vorausgesetzten Bedingung [23] sind am besten durch Praxisberechnungen zu beleuchten.

Kostenoptimale Blockinstandsetzung

Bestimmung der optimalen Blockung von Instandhaltungsforderungen (Blockinstandhaltung[45]) durch Minimierung der Instandhaltungskosten in Abhängigkeit von der vorhandenen Bedienstellenanzahl eines Wartesystems, ausgehend von den Fixkosten, Bedienkosten und alternierenden Kosten der Blockinstandhaltung (vgl. Tab. 8).

Tab. 13: Bedienungsparameter S mit Maßeinheit E von Wartesystemen

S	E	Name	Erläuterungen
F_Z	St./a	Lastzahl	Anzahl jährlicher Forderungen auf Instandhaltung
K_a	€/a	Alternierende Kosten	Vorbereitungs- und Abschlusskosten für eine Blockinstandhaltung
K_k	€	Fixe Kosten	Jahreskapitalkosten für einen Bedienkanal
K_p	€/St.	Proportionale Kosten	In Abhängigkeit von der Bedienzeit mit einem Lohnkostenfaktor auftretende Kosten für die direkte Abfertigung der Einzelforderung auf Instandhaltungen
n	St./Block	Blockstückzahl	Anzahl an Forderungen einer Blockinstandhaltungen
t_A	h/Block	Rüstzeit	Vor- und Nachbereitung einer Blockinstandhaltung
t_N	h/St.	Stückzeit	Zeitaufwand für eine Forderung analog der Bedienrate
t_S	h/St.	Stückzeit	Abfertigungszeit für eine Forderung, kapazitätswirksam
z	St./a	Blockzahl	Anzahl an Blockinstandhaltungen eines Jahres
Z	d/a	Zeitanteil	Bedientage im Kalenderjahr

Die Anzahl der jährlich eintreffenden Forderungen F_Z ist das Produkt aus Ankunftsrate λ, Hauptleistungszeit T und jährlichen Arbeitstagen, dem (aktiven) Zeitanteil Z:

$$F_Z = \lambda \cdot T \cdot Z.$$

Aus betriebswirtschaftlicher Sicht ergeben sich die Betriebskosten des Wartesystems K_B aus den konstanten Kosten K_k, dem Produkt aus Blockzahl z und alternierenden Kosten K_a sowie dem Produkt aus der Anzahl jährlich ankommender Forderungen F_Z und den proportionalen Kosten K_p:

$$K_B = K_k + z \cdot K_a + F_Z \cdot K_p.$$

Aus der Anzahl jährlich ankommender Forderungen F_Z und der Blockzahl z ergibt sich die Anzahl der in einem Block abzufertigenden Forderungen n:

$$n = \left\lceil \frac{F_z}{z} \right\rceil.$$

Die aus bedienungstheoretischen Modellen hervorgehenden jährlichen Kosten K_W sind das Produkt aus dem optimalen Stundenkostensatz des Wartesystems K mit der Hauptleistungszeit T und dem Zeitanteil Z:

$$K_W = T \cdot Z \cdot K = T \cdot Z \cdot \left[(s - \rho) \cdot k_1 + \rho \cdot k_b + \frac{Q}{z} \cdot k_w \right].$$

Identische Terme der betriebswirtschaftlichen und bedienungstheoretischen Jahreskosten des Wartesystems sind:

Proportionale und Abfertigungskosten:

$$F_Z \cdot K_p = T \cdot Z \cdot \rho \cdot k_b \quad \rightarrow \quad T \cdot Z \cdot \lambda \cdot K_p = T \cdot Z \cdot \rho \cdot k_b \quad \rightarrow \quad K_p = \frac{\rho}{\lambda} \cdot K_b = \frac{K_b}{\mu}.$$

Alternierende und Wartekosten:

Ausgangspunkt ist die Annahme, dass sich mit zunehmender Blockbildung die Kosten des Wartens durch hyperbolische Abnahme der Warteschlange Q verringern, dagegen die alternierenden Kosten linear ansteigen; dabei wird eine ganzzahlige Blockzahl durch Aufrundung berechnet:

$$z \cdot K_a \cong T \cdot Z \cdot k_w \cdot \frac{Q}{z} \quad \rightarrow \quad z = \left\lceil \sqrt{Q \cdot T \cdot Z \cdot \frac{k_w}{K_a}} \right\rceil.$$

Jahreskapitalkosten:

In allen Stundenkostensätzen verteilen sich die die Jahreskapitalkosten für das Wartesystem der Instandhaltung. Aus dieser Abhängigkeit ist unter Berücksichtigung der Einführung der Blockzahl davon auszugehen, dass die konstanten Jahreskapitalkosten sich als Differenz von betriebswirtschaftlichen und bedienungstheoretischen Jahreskosten des Wartesystems

---

[45] Die Einfachheit der Strategie der Blockinstandhaltung, komplette Anlagensysteme periodisch auszutauschen und bei Ausfällen eine komplette oder minimale Reparatur durchzuführen, führt dazu, dass bei einer planmäßigen vorbeugenden Erneuerung die Einheiten ebenfalls erneuert werden, die kurz zuvor in Folge einer vollständigen Reparatur durch neue Einheiten ersetzt wurden. Diese unnötigen Erneuerungen verursachen Kosten, die den Vorteil der Einfachheit der Strategie zunichte machen. Deswegen ist es angebracht, eine Einheit, die kurz vor einer planmäßigen vorbeugenden Erneuerung ausfällt, nicht zu reparieren und einen Stillstand hinzunehmen oder die Einheit mit verringerter Effizienz laufen zu lassen, wenn mehr als zwei Zustände möglich sind (vgl. [Cox66], Seite 128, [Wolf], Seite 88).

herausbilden, wenn davon ausgegangen wird, dass zwischen beiden mathematischen Beziehungen eine berechenbare Identität ihrer Terme besteht:

$$K_B = K_W \quad \rightarrow \quad K_k + z \cdot K_a + F_Z \cdot K_p = K_W \quad \rightarrow$$

$$K_k = T \cdot Z \cdot \left[(s - \rho) \cdot k_1 + \rho \cdot k_b + \frac{Q}{z} \cdot k_w - \lambda \cdot K_F \right] - z \cdot K_a.$$

Aus diesen Annahmen leitet sich das Kostenmodell zur Bestimmung einer optimalen Blockbildung durch Berechnung der Blockzahl z ab. Die Kosteneinsparung ΔK durch Blockbildung ergibt sich aus der Differenz von kostenoptimalen bedienungstheoretischen Stundenkosten des Wartesystems K, bezogen auf das Jahr K_T, und den mit der Blockzahl z berechneten Jahreskosten des Wartesystems K_W (vgl. Bild 15).

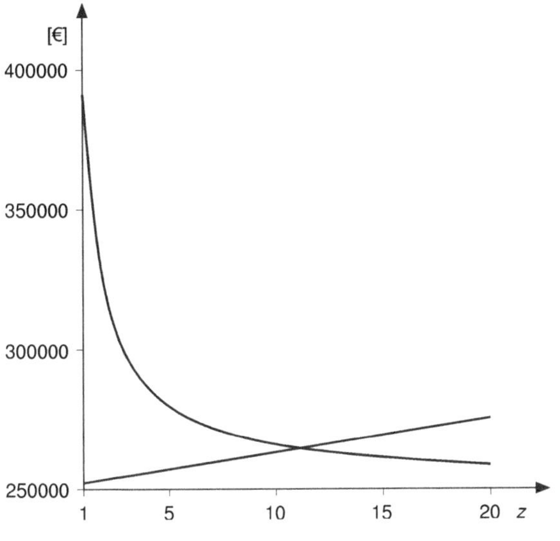

Bild 15: Hyperbolische Abnahme der Instandhaltungskosten des Wartesystems über der linearen Zunahme der Kosten der Blockinstandhaltung

Hinsichtlich der Kapazität der Bedienkanäle gelten folgende Beziehungen:

Im Normalbetrieb wird eine Kapazitätsbelastung angenommen, die der Bedienrate bzw. Bedienzeit entspricht; d. h. die kapazitätswirksame Bedienzeit μ_K ist gleich der kostenwirksamen Bedienzeit μ:

$$\mu = \mu_K = t_N = \frac{t_A}{1} + t_S.$$

Bei Blockinstandhaltung wird die Vor- und Nachbereitung des Bedienprozesses aus der Bedienzeit ausgegliedert und gesondert vor dem Eintreffen der Forderungen erledigt. In die Kapazitätsberechnung fließt nur die Stückzeit t_S ein, in die Kostenberechnung die neue Bedienzeit unter Berücksichtigung der Blockanzahl n der Forderungen:

$$\mu_K = t_S \quad \text{und} \quad \mu = \frac{t_A}{n} + t_S \, .$$

Für die Kapazitätsbetrachtung, ausgedrückt durch die Anzahl der Bedienkanäle s, ergibt sich überschläglich die folgende Kapazitätserhöhung:

$$t_1 \approx F_Z \cdot \left[t_A + t_S \right] \quad \text{und} \quad t_B \approx F_Z \cdot t_S \quad \rightarrow \quad \Delta t = s_N - s_B = F_Z \cdot t_A .$$

Die Zeiteinsparung durch Blockbildung ermöglicht auch, den dichteren Forderungenstrom bei Blockinstandhaltung abzufertigen, weil damit eine Kapazitätserhöhung Δs wie folgt verbunden ist:

$$\Delta s = s \cdot \frac{F_Z \cdot t_A}{F_Z \cdot (t_A + t_S)} = \frac{s \cdot t_A}{t_A + t_S} .$$

Im Ergebnis ist kalkulatorisch zu prüfen, ob der Kapazitätszuwachs ausreicht, um den dichteren Forderungenstrom der Blockinstandsetzung abzufertigen.

Die Kosteneinsparung ΔK durch Blockbildung ergibt sich aus der Differenz von kostenoptimalen bedienungstheoretischen Stundenkosten des Wartesystems K, bezogen auf das Jahr K_T, und den mit der Blockzahl z berechneten Jahreskosten des Wartesystems K_W (vgl. Bild 6).

$$K_P = \frac{k_b}{\mu}, \quad \rho = \frac{\lambda}{\mu}, \quad z = \left\lceil \sqrt{Q \cdot T \cdot Z \cdot \frac{k_w}{K_a}} \right\rceil, \quad K_W = T \cdot Z \cdot \left[(s - \rho) \cdot k_1 + \rho \cdot k_b + \frac{Q}{z} \cdot k_w \right]$$

$$F_Z = \lambda \cdot T \cdot Z, \quad K_k = K_W - \left(z \cdot K_a + F_Z \cdot K_p \right), \quad K_T = K \cdot T \cdot Z, \quad \Delta K = K_T - K_W, \quad n = \left\lceil \frac{F_Z}{z} \right\rceil$$

$$\Delta s = s \cdot \frac{F_Z \cdot t_A}{F_Z \cdot \left(t_A + t_S \right)} = \frac{s \cdot t_A}{t_A + t_S}$$

Die Kapazitäten des Instandhaltungswesens der ENERGIEERZEUGUNGSGESELLSCHAFT MBH betreuen die Sicherheitskomponenten aller eigenen Verwaltungsgebäude, auch diejenigen von mitnutzenden Mietparteien. Es soll festgestellt werden, ob durch Blockbildung der auftretende Instandhaltungsbedarf mit dem bereits kostenoptimal ausgelegten Instandhaltungskapazitäten des Wartesystems der Instandhaltung zu einer weiteren Kosteneinsparung führt. Das Auftrags- und Steuerungsbüro für Instandhaltungen soll nach der Blockoptimierung in der

Lage sein, die Instandhaltungsleistungen bestmöglich an den Instandhaltungsbedarf der Verwaltungsgebäude anzupassen und die Instandhaltungsleistungen ziel- und kostenorientiert zu steuern. Gesucht werden u. a. die kostenoptimale Anzahl der Blockinstandhaltungen und die erzielbare Kosteneinsparung.

Systemkostensatz	K	=	118,29	€/h
Alternierende Kosten	K_a	=	1250,00	€/Block
Warteschlangenlänge	Q	=	0,31	St.
Hauptleistungszeit	T	=	10,00	h/d
Zeitanteil	Z	=	300,00	d/a
Stundenkostensatz einer Leerstelle	k_1	=	20,00	€/h
Stundenkostensatz der Abfertigung	k_b	=	35,00	€/h
Stundenkostensatz des Wartens	k_w	=	150,00	€/h
Ankunftsrate	λ	=	8,00	1/h
Bedienrate	μ	=	5,00	1/h
Anzahl der Bedienstellen	s	=	3	St.
Vorbereitungs- und Abschlusszeit	t_A	=	2,00	min./St.
Stückzeit	t_S	=	4,00	min./St.
Kapazitätszuwachs an Bedienkanälen	Δs	=	1,00	St.
Kosteneinsparung	ΔK	=	90188,18	€
Anzahl an Forderungen	F_Z	=	24000	St./a
Jahreskosten des Blockwartesystems	K_W	=	264681,82	€
Jahreskosten des Wartesystems	K_T	=	354870,00	€
Konstante Kosten	K_k	=	82931,82	€
Proportionale Kosten	K_p	=	7,00	€/St.
Anzahl an Forderungen in einem Block	n	=	2182	St./Block
Verkehrswert	ρ	=	1,60	
Blockzahl	z	=	11	Blöcke

Durch Veränderungen des Bedingungsgefüges der Anforderungen an das Bediensystem kann das mathematisch-statistische Grundmodell verändert werden, ohne im Besonderen seine betriebswirtschaftliche Anwendbarkeit einzuschränken. Diese folgenden beiden Veränderungen erweitern den Anwendungsbereich des mathematisch-statistisches Modells.

1. Es wird ein Wartesystem der Kennung: M|G|s, betrachtet.

2. Die Anforderung an die Bedienzeiten, dass diese exponential verteilt sind, wird aufgegeben und dafür zugelassen, dass die Bedienzeit für die Forderung nach Instandhaltung einer Tega durch eine Bedienstelle eine Verteilung besitzt, die proportional dem Kehrwert ihres Mittels ist:

$$\frac{1}{\mu}.$$

Damit können Näherungen mit Hilfe des Variationskoeffizienten v der Bedienzeit als Verhältnis ihrer Standardabweichung σ zu ihrem Mittel μ:

$$v = \frac{\sigma_b}{\mu_b}. \tag{29}$$

wie folgt angenommen werden:

$$P_w(SM) \approx P_w = \frac{\rho^s \cdot p_0}{(s-1)! \cdot (s-\rho)}, \tag{30}$$

$$E(T_w) \approx \frac{1+v^2}{2} \cdot \frac{P_w}{s \cdot \mu - \lambda} \approx \frac{1+v^2}{2} \cdot \frac{E(L_w)}{\lambda}, \tag{31}$$

$$E(L_w) \approx \frac{1+v^2}{2} \cdot \frac{\rho \cdot P_w}{s-\upsilon}. \tag{32}$$

Die Genauigkeit der Näherungen [30], [31], [32], ist für betriebswirtschaftliche Zwecke völlig ausreichend. Ihre Übernahme in die Kostenfunktion [22] ergibt die Kostenfunktion des vorliegenden Modells für das Wartesystems mit der Kennung: M|G|s, angenähert wieder:

$$K \approx (s-\rho) \cdot k_l + \rho \cdot k_b + \frac{1+v^2}{2} \cdot E(L_w) \cdot k_w. \tag{33}$$

Ein Vergleich der genäherten Kostenfunktion [33] mit der Kostenfunktion des Grundmodells [22] zeigt, dass die Kostenoptimierung auch für die näherungsweise kostenminimale kapazitive Auslegung eines offenen Wartesystems bei veränderten Anforderungen an den Forderungenstrom, an die Bedienkanäle und bei veränderter Bedingung [23] vorgenommen werden kann.

5   Schlussbetrachtung

Die Erkenntnisse aus der Schrift bestehen in den praktikablen Anwendungen mathematisch-statistischer Methoden zur Berechnung von Bediensystemen. Es ist möglich, stochastische, und determinierte Forderungen unter Berücksichtigung der Kapazität der Bedienungskanäle berechenbar zu machen. Die Optimierung der Bedienung des Forderungenstroms kann somit durchgeführt werden. Entscheidend sind die Berechnungen in Kapitel 4.6.

Auf Grund der Szenarien ohne mathematischer Exaktheit ist die Prozessgestaltung homogener und inhomogener Forderungen ohne Reserven nicht wirtschaftlich sinnvoll durchführbar.

6　Verzeichnisse

Tab. 14: Literaturverzeichnis

Autor	Titelei
Autorenkollektiv	Mathematik für ökonomische und ingenieurökonomische Fachrichtungen Teil I, Berlin: Verlag Die Wirtschaft 1971
Bain, L.J., Engelhardt, M.	Statistical Analysis of Reliability and Life-testing Models: Theory and Methods. Dekker, 1991
Barlow, R. E., Hunter, L. C.	Optimum preventive maintenance policies. Operations Research, Vol. 8, No. 1:90 - 100, 1960
Barlow, R. E., Proschan, F.	Statistische Theorie der Zuverlässigkeit. Verlag Harri Deutsch 1978
Barske, Gerybadze, Hünninghausen, Sommerlatte	Prozessoptimierung durch Total Productive Maintenance. Digitale Fachbibliothek Innovationsmanagement, 2005
Birolini, A.	Reliability Engineering. Springer-Verlag Berlin Heidelberg, 1999
Bosch, K., Jensen, U.	Instandhaltungsmodelle – Eine Übersicht. OR Spektrum 5:105 - 118, 1983
Bronstein, I.N., Semendjajew, K. A., Musiol, G., Mühlig, H.	Taschenbuch der Mathematik. Verlag Harri Deutsch, 2001
Bruns, P.	Optimale Instandhaltungstechnologien für spezielle Reparatursysteme. Univ. Diss. Osnabrück, 1999
Cox, D. R.	Erneuerungstheorie. Oldenbourg München, 1966
DIN e.V.	DIN EN 15341:2007-06: Instandhaltung - Wesentliche leistungskennzahlen für die Instandhaltung. Beuth, Berlin, 2007.
DIN e.V.	DIN 31051 (06.03): Grundlagen der Instandhaltung. Hrsg.: Deutsches Institut für Normung e.V. 2003.
DIN e.V.	DIN EN 13306 (08.10): Begriffe der Instandhaltung. Deutsches Institut für Normung e.V. 2008.
Fischer, K. Hertel, G.	Bedienungsprozesse im Transportwesen. Transpress Verlag Berlin 1999
Gnedenko, B. W.	Lehrbuch der Wahrscheinlichkeitsrechnung. Berlin: Akademie-Verlag 1964
Gnedenko, B. W., Kowalenko, J. N.	Einführung in die Bedienungstheorie. Berlin: Akademie-Verlag, 1971
Granthien, M.	Kooperatives Instandhaltungsengineering: Gestaltungsmöglichkeiten der Anlagenerhaltung. Deutscher Universitäts-Verlag, 2002

Grothus, H.	Vorbeugende Instandhaltung – Schäden vermeiden, nicht reparieren http://www.grothus.org/bx_Vorbeugende%20Instandhaltung.pdf
Grothus, H.	Die Total Vorbeugende Instandhaltung. Grothus Verlag Dorsten, 1974
Hartmann, W. L.	Zuverlässigkeit durch vorbeugende Instandhaltung. Verlag Industrielle Organisation Zürich, 1971
Hensel, U., Runge, J.	Der innerbetriebliche Transport aus bedienungstheoretischer Sicht. Seewirtschaft 1 [1969] 6, S. 450 - 452
Hertel G.	Analytische Modellierung und formelmäßige Behandlung von Standard-Bedienungssystemen mit störanfälligen Kanälen. Hochschule für Verkehrswesen Dresden, Diss. B, Dresden, 1986
Herzig, N.	Die theoretischen Grundlagen betrieblicher Instandhaltung. Verlag Anton Hain,1975
Jardine, A. K. S., Tsang, A. H. C.	Maintenance, Replacement and Reliability. Pitman London, 1973
Jorgenson, D.W., MacCall, J.J., Radner, R.	Optimal replacement policy. North-Holland Publ. Co Amsterdam, 1967
Kalaitzis, D.	Instandhaltungscontrolling. Verlag TÜV Rheinland, 1990
Kaluza, B., Rösner, J, Mellenthin, B.	Entwurf eines modernen Instandhaltungsmanagement für Industrieunternehmen. Gesamthochschule Duisburg, 1994
Krampe, H. Kubat, J. Runge	Bedienungsmodelle, Ein Leitfaden für die praktische Anwendung. Berlin: Verlag Die Wirtschaft 1973
Kuhn, A.	Instandhaltung im Brennpunkt der Unternehmensleitung. 2003
Lim, J. H., Park, D. H.	Evaluation of Average Maintenance Cost for Imperfect-Repair Model. IEEE Transactions on Reliability, Vol. 48, No. 2, 1999
Lin, D., Zuo, M. J., Yam, R. C. M.	Sequential Imperfect Preventive Maintennance Models with two Categories of Failure Modes. Naval Research Logistics 48:172 - 183, 2000
Luering, A.	Qualitative Aspekte und quantitative Modelle der Instandhaltung : Dargestellt am Beispiel der Salzgitter AG – Stahl. Josef Eul Verlag, 2001
Männel, W.	Vorbeugende Instandhaltung: Eine Einführung und Bibliographie. Schriftenreihe „Arbeitsvorbereitung", Heft 6, 1971
Nawrotzki, K.	Lehrbuch der Stochastik. Verlag Harri Deutsch, 1994
Nemtschinow, W. S.	Ökonomisch-mathematische Methoden und Modelle. Berlin: Verlag Die Wirtschaft 1965
Oppitz, V.	Gabler Lexikon Wirtschaftlichkeitsrechnung, Wiesbaden 1995, ISBN 3-409-19951-9, S. 82/87
Oppitz, V.	http://www.prof-oppitz.de/

Prochorow, J., Rosenberg, J.	Einführung in die Bedienungstheorie. Leipzig: B. G. Teubner Verlagsgesellschaft 1964
Rausch, V.	Modification of maintenance. VŠE Prague 2009, ISBN 978-80-245-1530-4
Rausch, V.	Quantitative Methoden der ökonomischen Analyse im Facility Management: Mathematische Grundlagen im Instandhaltungswesen der Produktionswirtschaft. SVH-Verlag Saarbrücken 2010, ISBN 978-3838117003
Runge, J.	Zur Theorie und Betriebswirtschaft stochastischer Modelle der Operationsforschung unter besonderer Beachtung mathematisch-statistischer Modelle für Wartesysteme. Rostock, Universität, Dissertation B 1971.
Seele, C.A.	Vorbeugende Instandhaltungspolitiken bei variabler Effizienz der Instandhaltungsaktionen. Univ., Fak. f. Wirtschaftswiss., Diss. Karlsruhe, 1973
Sheu, S. H., Lin, Y. B., Liao, G. L.	Optimal Policies With Decreasing Probability of Imperfect Maintenance. IEEE Transactions of Reliability, Vol.54, No.2, 2005
Spickenheuer, W.	Optimale vorbeugende Instandhaltung unter Einbeziehung von Justierung und minimaler Reparatur. 1976
Tietböhl, G.	Ein Beitrag zur Planung und Projektierung der Mehrmaschinenbedienung [MMB] unter besonderer Berücksichtigung betriebswirtschaftlicher Parametern
Tschetirkin, M.	Die Anwendung der Bediendungstheorie in der Ökonomie. Moskau 1971 (russisch)
Wolff, M.	Optimale Instandhaltungspolitiken in einfachen Systemen. Springer Berlin, 1970
Wu, S., Clements-Croome, D.	Optimal Maintenance Policies Under Different Operational Schedules, IEEE Transactions on Reliabilitiy, Vol. 54, No.2, 2005

Abbildungsverzeichnis